edition unseld 35

Seit Jahren tobt eine heftige Debatte zwischen »Humanisten« und »Naturalisten«: Während erstere auf der Sonderstellung des Menschen pochen, betrachten letztere ihn in der Tradition Darwins als ein Tier unter anderen. Die Naturalisten, so Peter Janich, verkennen dabei jedoch, daß unser Verständnis, nachdem nur Menschen, nicht aber Tiere und Naturgegenstände für ihr Handeln verantwortlich gemacht werden können, eine Errungenschaft der Aufklärung darstellt. Ausgehend von einer Lektüre der klassischen Texte Darwins plädiert er für einen präziseren Umgang mit Begriffen und die Klärung jener sprachlichen Praxis, im Zuge deren Menschen und Tieren bestimmte Eigenschaften zugeschrieben werden.

Peter Janich, geboren 1942, ist Professor emeritus für Philosophie an der Philipps-Universität Marburg. Zuletzt erschien *Kein neues Menschenbild. Zur Sprache der Hirnforschung* (eu 21).

Der Mensch und andere Tiere
Das zweideutige Erbe Darwins

Peter Janich

Suhrkamp

Die *edition unseld* wird unterstützt durch eine Partnerschaft mit dem Nachrichtenportal *Spiegel Online*. www.spiegel.de

edition unseld 35
Erste Auflage 2010

Originalausgabe

Satz: TypoForum GmbH, Seelbach
Druck: Druckhaus Nomos, Sinzheim
Umschlaggestaltung: Nina Vöge und Alexander Stublić
Printed in Germany
ISBN 978-3-518-26035-7

1 2 3 4 5 6 – 15 14 13 12 11 10

Der Mensch und andere Tiere

Inhalt

0 Aufklärung gegen Aufklärung? Der Grundkonflikt ... 9
1 Das Darwinsche Erbe ... 19
2 Dogmatische Ansätze:
Die Naturalisierung des Menschen ... 72
3 Auflösung des Mißverständnisses ... 126
4 Gibt es eine Naturgeschichte des Menschen? ... 165

Register ... 184
Ausführliches Inhaltsverzeichnis ... 187

0 Aufklärung gegen Aufklärung? Der Grundkonflikt

Mit der Formel »der Mensch und andere Tiere« und mit ähnlichen Formulierungen, die auf die Abstammung des Menschen aus dem Tierreich verweisen, bekennt man sich heute zum Stand der Naturwissenschaften. Mehr noch, man nimmt die Perspektive der Evolutionsbiologie ein. Was immer dem Menschen an Qualitäten zukommen oder fehlen mag, er wird als Gattungswesen im Sinne biowissenschaftlicher Einteilungen und damit in der Perspektive einer Naturgeschichte gesehen, die von Evolutionsbiologen geschrieben wird. Bemerkenswerterweise wird diese Perspektive heute von vielen Zeitgenossen immer und ausschließlich, also ohne Bezug auf die Ziele und Mittel der Biologie und damit auch außerhalb der Diskussion um die Naturwissenschaften, eingenommen. Ihnen steht keine alternative Perspektive zur Verfügung.[1]

0.1 Theoretische Aufklärung: Die Entmythisierung des Menschen

Die heute lebenden Menschen und die heute lebenden Tiere haben, das gilt als naturwissenschaftlich gesichert, gemeinsame Vorfahren. Diese können, geht man nur weit genug in der Natur-

1 Ernst Tugendhat spricht in einem Buch, das die Sonderstellung des Menschen analysiert, sogar schon auf der ersten Seite vom »Menschen, im deutlichen Unterschied zu *anderen Tieren*«, ohne irgendwo zu erläutern, warum diese naturwissenschaftliche Perspektive eingenommen wird (vgl. Ernst Tugendhat, *Egozentrizität und Mystik. Eine anthropologische Studie*, München 2003, S. 7).

geschichte zurück, nach heutiger Unterscheidung allein Merkmale von Tieren haben. Kurz, der Mensch stammt vom Tier ab und trägt auch in der Gegenwart noch das tierische Erbe. Was das im einzelnen heißt, ist Gegenstand einer nach vielen Teilgebieten organisierten naturwissenschaftlichen Forschung, die sich selbst in der Tradition der Evolutionsbiologie seit Charles Darwin sieht. Diese Tradition ist in den hundertfünfzig Jahren seit dem Erscheinen von Darwins epochemachendem Buch *Die Entstehung der Arten durch natürliche Zuchtwahl* von Anfang an begleitet von einer weltanschaulichen Debatte, vor allem über das Verhältnis von Naturwissenschaft und Religion. Sie wird von seiten der Biologen in einem aufklärerischen Selbstverständnis geführt. Eine magische, mythische oder religiöse Sicht soll durch empirische Wissenschaft abgelöst werden. Der Mensch wird entmythisiert.

Allerdings beschränken sich Vertreter der Naturwissenschaften weder darauf, die empirisch jeweils bestmögliche Naturgeschichte des Lebendigen auf unserer Erde zu erzählen, noch darauf, mit den Mitteln der Laborforschung die Aspekte menschlichen und tierischen Lebens vom Stoffwechsel bis zum Verhalten, von den molekularen Vererbungsmechanismen bis zur neurophysiologischen Erklärung von Hirnfunktionen vorzutragen. Statt dessen bieten sie vielerlei Deutungen an. Vor allem deuten sie die Wahl ihrer wissenschaftlichen Verfahren und Begriffe, die sie auf Menschen wie auf Tiere in gleicher Weise anwenden, als naturwissenschaftliche Bestätigung einer empirischen Gleichheit von Mensch und Tier.

Die im Alltagsleben geläufige Unterscheidung zwischen Mensch und Tier erscheint dadurch nur noch als Relikt aus einer Vorzeit, der unsere heutigen wissenschaftlichen Erkenntnisse noch nicht zur Verfügung standen. Daß ein Kind, das seine sprachlichen Fähigkeiten zum Beispiel an einem guten Bilderbuch einübt, einen Eskimo, einen Indianer, einen Afrikaner und einen Chinesen zu den Menschen rechnet, einen Schimpansen, einen Gorilla und einen Orang-Utan aber genauso zu den Tieren zählt wie ein Krokodil, einen Elefanten oder einen Raben, sei demnach nur noch als historische Altlast unserer Kulturgeschichte zu werten. Längst gibt es eine Diskussion um eine neue Normierung biowissenschaftlicher Einteilungsschemata, etwa um die Frage, ob wegen der genetischen Ähnlichkeit die Gattung *Homo* in der Systematik der Biologie selbständig bestehen bleiben oder unter »Pan« mit den Menschenaffen zusammengefaßt werden soll.[2]

Wer hier nur eine Reparatur an einem kulturhistorisch belasteten Begriffssystem der Lebenswissenschaften im Auge hat, übersieht, daß *die alltägliche Unterscheidung von Mensch und Tier* selbst *eine hervorragende Aufklärungsleistung* ist. Gemeint ist der moralische und rechtliche Unterschied von Mensch und Tier, der jedem Mitteleuropäer geläufig ist.

0.2 Ethische Aufklärung: Die Entmythisierung der Natur

Erst im Lauf einer mühsamen Kulturgeschichte haben wir gelernt, *nur Menschen*, nicht aber Tieren (oder anderen Naturgegenständen) *Verantwortung zuzuschreiben*. Wenn sich ein Hund losreißt, auf die Straße läuft und dort einen Verkehrsunfall verursacht, wird der Geschädigte nicht den Hund, sondern den Hun-

2 Hubert Markl, mündliche Mitteilung. Zu Fragen der Terminologie vgl. etwa Ernst Mayr, *Das ist Evolution*, 3. Auflage, München 2005.

dehalter haftbar machen. Wenn eine Schafherde in einen ICE-Tunnel gerät und dort einen schweren Unfall mit Sach- und Personenschaden auslöst, fragt niemand nach dem Leithammel oder dem Hütehund. Man sucht nach dem Schäfer oder den Verantwortlichen bei der Bahn, die für die Sicherung von Bahntrassen durch Zäune zuständig sind. Kurz, Tiere werden heute so wenig wie Pflanzen oder wie Naturgeschehnisse (Vulkanausbrüche, Überschwemmungen oder Erdrutsche) für ein Unglück verantwortlich gemacht, das Menschen trifft. Dazu mußten die Natur, ihre Gewalten und ihre Teile wie Berge, Flüsse, Pflanzen, Tiere erst einer religiösen oder magischen Deutung entkleidet werden. Natur handelt nicht, verfolgt keine Ziele, straft oder belohnt nicht und ist so wenig die sichtbare Seite einer unsichtbaren göttlichen Instanz, wie der Donner die Stimme eines grollenden Gottes ist. Dies war teilweise ein mühsamer Lernprozeß, der vor allem in einer langwierigen Kultivierung sittlicher Maßstäbe und rechtlicher Institutionen bestand.

So dürfte heute unter hinreichend kultivierten Menschen nicht strittig sein, daß Naturkatastrophen im Sinne einer Schuldfrage nur auf mögliche menschliche Fehler hin untersucht werden. Anders als bei Vulkanausbrüchen oder Tsunamis, bei denen nicht die Auslösung, sondern nur die Wirkung Menschen angelastet wird, etwa durch falsche Wahl von Siedlungsgebieten, werden bei Überschwemmungen und Erdrutschen auch falsche Flußregulierung, unsachgemäße Rodung oder Bebauung als Ursache diskutiert und damit in die Verantwortung von Menschen gestellt. Stürzt ein Baum in einem Sturm auf ein Auto, wird nicht der Baum bestraft, sondern die Sicherungspflicht des Grundbesitzers oder der zuständigen Verkehrsbehörde erwogen. Verletzt ein Hund oder auch ein Menschenaffe ein Kind, wird immer der dafür verantwortliche Mensch und nicht das Tier in Haftung genommen. *Was Verantwortung angeht, bleibt das Tier*, im Unterschied zum Menschen, *stets ein Naturgegenstand.*

Aber nicht nur das kleine Kind vor dem instruktiven Bilderbuch, auch das Schulkind mit dem Geschichtsbuch wird lernen, daß Sklaverei und Leibeigenschaft überwunden wurden und Menschenhandel heute moralisch und rechtlich als Verbrechen gilt. Es wird etwas über die Anfänge unserer Kultur durch Züchtung von Pflanzen und Tieren lernen und die Verwerflichkeit von Züchtungsexperimenten an Menschen zu begreifen haben. Dagegen hält niemand die Züchtung von Hunden, Pferden, Rindern, Vögeln oder Fischen für verwerflich, und der Handel mit den Züchtungsprodukten hat, bei kompetenter Behandlung der Tiere, nichts Anrüchiges.

Selbst der hierbei ins Spiel kommende Tierschutz, der zu Recht skandalöse Tiertransporte, die Abschlachtung von Robben oder Delphinen und anderes beanstandet, ist von der Asymmetrie zwischen Mensch und Tier bestimmt: Wo zu Recht ein humaner Umgang mit dem Tier verlangt wird, gibt es im Gegenzug keinen animalischen Knigge oder Moralkodex für den Umgang der Tiere mit Menschen. Tiere werden, wo ihnen durch Dressur und Zivilisierung das Stechen, Beißen, Würgen, Zerreißen, Töten oder Fressen von Menschen nicht abgewöhnt werden kann, als animalisch schuldfrei gestellt. Ihr menschenfeindliches Verhalten ist ein Stück Natur, gegen das sich der Mensch eben zu schützen hat wie gegen Kälte, Hagel und Blitz.

Auf vielen Gebieten unterliegt das Mensch-Tier-Verhältnis, auf den ersten Blick im Gegensatz zu den naturwissenschaftlichen Vergleichen, einem kulturgeschichtlichen Wandel. Der Umgang mit kranken, verletzten oder toten Menschen unterscheidet sich gravierend vom Umgang mit kranken, verletzten oder toten Tieren. Ungeachtet aller möglichen Grenzfälle wird die Kernunterscheidung zwischen Kannibalismus und dem Verzehr von Tieren, die sich in freier Natur ebenfalls gegenseitig auffressen, wohl in den meisten heutigen Kulturen beibehalten. Bei einer Expedition erlaubt der Gnadenschuß für ein verletztes Transporttier nicht den Gnadenschuß für einen verletzten Sherpa. Die Weihe des Friedhofs wird nicht auf die neuerdings entstehenden Haustierfriedhöfe übertragen. Und wenn bei einem Katastropheneinsatz Leben in Gefahr sind, wird die Feuerwehr immer zuerst die Menschen und erst dann die Tiere retten. Umgekehrt ist schon der Gedanke empörend, ein Richter würde einen Fall schwerer Kindesmißhandlung nach dem Tierschutzgesetz verurteilen. Dies ist ein historisch gewachsener Grundkonsens unserer Kulturgemeinschaft, der sich in der moralischen und rechtlichen Abwägung von Werten und Gütern, von Normen und Gesetzen herausgebildet hat. Daß es im Detail Unterschiede zwischen Kulturen gibt, braucht man dafür nicht zu bestreiten.

0.3 Der Grundkonflikt

Damit ist *der Grundkonflikt zwischen zwei Aufklärungstraditionen* benannt: Hier konfligieren einerseits die naturwissenschaftliche Aufklärung durch den Nachweis der tierischen Abstammung des Menschen, die als Aufklärung gegen Schöpfungsmythen, religiöse Auszeichnungen des Menschen durch eine unsterbliche Seele oder gegen andere mythische Menschenbilder gerichtet ist,[3] und andererseits die Aufklärung gegenüber magischen und

3 Christian Kummer, der eine naturwissenschaftlich informierte Metaphysik der Natur einem dogmatischen Naturalismus vorzieht, hält Evolutionstheorie und Schöpfungsglauben für vereinbar. Vgl. Kummer, »Ein

mythischen Naturverhältnissen, die zur moralischen und rechtlichen Abgrenzung menschlicher Verantwortung geführt haben. *Die theoretische* und *die ethische Aufklärung* als *Entmythisierung des Menschen* beziehungsweise als *Entmythisierung der Natur* geraten dort in Konflikt, wo die ethische Seite der Gleichsetzung von Mensch und Tier Schranken setzt und die theoretische Seite den dafür maßgeblichen Unterschied von Mensch und Tier bestreitet. Gegenstand des vorliegenden Buches ist es, diesen Konflikt aufzulösen.

Beide Seiten finden ihre engagierten Parteigänger. Besonders laut und präsent sind in diesem leider weltanschaulich geführten Kampf gegenwärtig einige Naturwissenschaftler. Sie setzen dabei stillschweigend Wissenschaftlichkeit mit Naturwissenschaftlichkeit und diese wiederum mit Naturalisierung gleich; sie mißbrauchen die Autorität, die sie durch die technische Effizienz ihrer Forschungsergebnisse gewonnen haben, zu weltanschaulicher Propaganda. Kaum daß aus lebensweltlicher Praxis, philosophischer Reflexion oder aus welchem Grund auch immer ein menschliches Spezifikum genannt wird – von den aristotelischen Bestimmungen des *zoon logon echon*, also des Lebewesens mit Sprache und Vernunft, und des *zoon politikon*, des staatenbildenden Wesens, bis zum Menschen als lachendes, Werkzeuge herstellendes, sich schämendes, lügendes, Inzestverbote befolgendes, philosophierendes, Wissenschaft treibendes, Tradition und Kultur bildendes, Tote bestattendes oder Artgenossen tötendes Wesen –, sofort findet sich ein Protagonist der Gegenthese, diese Leistungen seien auch im Tierreich zu finden, wenigstens in Ansätzen.

Segen für die Theologie. Warum die Evolutionstheorie den Glauben an einen Schöpfer sogar bereichern kann«, in: *Süddeutsche Zeitung* (29. Oktober 2009), S. 18; ders. *»Der Fall Darwin«. Evolutionstheorie contra Schöpfungsglaube*, Düsseldorf 2009.

Möchte man gegen diesen Kampf der Weltanschauungen auf einer wissenschaftlichen Debatte bestehen, ohne vorschnelle Entscheidungen zugunsten der einen oder anderen Seite zu fällen, bietet sich zuvorderst die sprachliche Sorgfalt beim Anhören der beiden Positionen und ihrer Parteigänger an. Der Philosoph als Dolmetscher zwischen den verschiedenen Sprachen der Parteien liefert die Mittel, deren sich das vorliegende kleine Buch bedient. Diese Dolmetscherrolle bedeutet aber nicht, den Anspruch auf Kritik aufzugeben, etwa an sprachlichen Mehrdeutigkeiten oder an unbegründeten Annahmen. Insbesondere soll der Anspruch, diesen Konflikt vor allem mit Mitteln der Sprachkritik zu lösen, hier nicht aufgegeben werden.

Der Weg zur Lösung des Grundkonflikts zwischen der Entmythisierung des Menschen und der Entmythisierung der Natur wird im Nachweis bestehen, daß dieser Konflikt auf einer schlichten Verwechslung zwischen zwei wieder selbst vor allem sprachlichen Handlungen beruht, nämlich der *Verwechslung von Beschreiben und Zuschreiben* – was zunächst wenig erhellend ist, weil der Gebrauch der Wörter »beschreiben« und vor allem »zuschreiben« ebenso geläufig wie unscharf und unklar ist.

Da es aber kein aussichtsreicher Weg ist, einer heftigen und engagierten Kontroverse einfach ein terminologisches Korsett vorzugeben, das die überquellenden Massen fehlgehender Debatten unterdrückt und verbirgt, seien erst einmal die wichtigen Protagonisten gehört:

0.4 Der Gang des Arguments

Im *ersten Kapitel* ist das Erbe, das Charles Darwin mit drei großen Büchern hinterlassen hat, auf *das Verhältnis von Mensch und*

Tier hin zu untersuchen. Dabei wird sich weisen, daß Darwins Ansatz einerseits von seinen Anhängern häufig mißbraucht wird, andererseits aber selbst eine tiefgreifende Zweideutigkeit aufweist, die in den materialreichen Beschreibungen teils verblüffender Beobachtungen an Tieren verborgen sind.

Mit dem an Darwin gewonnenen Fazit über die folgenreiche Belastung seiner *Rede über Tiere* wird dann im *zweiten Kapitel* über die heutige Naturwissenschaft von Mensch und Tier zu sprechen sein. Hier sind zwei Vorgehensweisen zu unterscheiden, nämlich die *Vertierlichung von Menschen* und die *Vermenschlichung von Tieren*. Dabei wird es sich nicht vorschnell um eine Abwertung des Menschen durch Absenken auf das Niveau des Tieres oder um eine Aufwertung des Tieres durch Anheben auf das Niveau des Menschen handeln. Vielmehr geht es erst einmal um eine wissenschaftstheoretische Klärung zweier prinzipiell verschiedener Programme.

Die Verschiedenheit ihrer Prinzipien (deutsch: Anfänge) liegt darin, daß die Vertierlichung von Menschen von den naturwissenschaftlichen Methoden ausgeht, denen Menschen wie Tiere unterworfen werden, während die Vermenschlichung von Tieren von den menschlichen Verhaltensweisen und Leistungen ausgeht und diese auf Tiere überträgt.

Unter *Vertierlichung des Menschen* wird hier also (vorläufig) verstanden, daß und welchen naturwissenschaftlichen Methoden der Mensch im Vergleich zum Tier (gelegentlich auch zur Pflanze und zur unbelebten Materie) mit guten Gründen und mit sinnvollen Ergebnissen unterworfen werden kann, während unter *Vermenschlichung des Tieres* zu fragen ist, welche Übertragungen menschlicher Kulturleistungen auf Tiere vorgenommen werden und ob diese Übertragungen durch wissenschaftliche Verfahren gestützt sind. Diese Klärung, wieviel Wissenschaft also in der einen und in der anderen Tendenz zu finden ist, führt zu einer *Kritik dogmatischer Ansätze*. Sie ist aber keine einseitige Kritik an den Naturwissenschaften. Denn gerade diejenige Naturalisierung des Menschen durch die heutige Biologie, die durch naturwissenschaftliche Methoden nicht gedeckt ist, findet in der »Tierphilosophie« und zum Beispiel in einer »tierphilosophischen« Auszeichnung des Menschen als dem allein urteils- und denkfähigen Wesen seinen dogmatischen Gegenpart.

Im *dritten Kapitel* wird nach Klärung des *prinzipiellen Unterschieds von Beschreiben und Zuschreiben* gezeigt, daß beide nicht in einem logischen oder inhaltlichen Widerspruch zueinander stehen, sondern miteinander verträglich (»kompatibel«) sind, sogar in Anwendung auf dasselbe Objekt. Wie auch menschliche Handlungen sowohl beschrieben als auch jemandem zugeschrieben werden können, ohne daß daraus Widersprüche erwachsen, so stehen auch die Aspekte naturwissenschaftlicher Beschreibung und kultürlicher, nämlich moralischer und rechtlicher Zuschreibung nicht in einem widersprüchlichen oder sich gegenseitig ausschließenden Verhältnis. In begrifflich geklärter Sprache erweisen sie sich sogar als zwei aufeinander angewiesene Aspekte derselben Sache.

Im *Schlußkapitel* wird als Rückblick und Ausblick auf die praktische wie die theoretische Verantwortung des Menschen gegenüber Mensch und Tier ein Fazit gezogen. Vor allem die Rede vom Menschen selbst wird sich daraus so bestimmen lassen, daß sie beiden Aspekten, seiner Natürlichkeit und seiner Kultürlichkeit, Rechnung trägt. Die Trennung der tierlichen und der allein menschlichen Aspekte wird ein Argument für einen *Methodischen Kompatibilismus* anstelle des Naturalismus begründen.

1 Das Darwinsche Erbe

Im Darwin-Jahr 2009 wurde nicht nur der 200. Geburtstag von Charles Darwin in Erinnerung gerufen, sondern auch der 150. Jahrestag der Erstveröffentlichung seines Hauptwerkes *Die Entstehung der Arten durch natürliche Zuchtwahl* gefeiert.[1] Das öffentliche Echo war enorm – die Zahl einschlägiger Buchtitel schwillt an; kaum eine Universität ohne eigene Vortragsreihe; die großen deutschen Tageszeitungen *Frankfurter Allgemeine Zeitung* und *Süddeutsche Zeitung* berichteten während des ganzen Jahres in eigenen Artikelserien. Neben Entstehungsgeschichten, Begleitumständen, biographischen und stilistischen Beobachtungen wurde vor allem die neuartige Sicht Darwins auf *die (belebte) Natur als Geschehen* gewürdigt. Darwin sucht skrupulös, mit überreichem Beobachtungsmaterial und kundig in den Schriften von Vorläufern und Zeitgenossen nach Mechanismen, die die vorgefundene Welt des Lebendigen als vorläufiges Endprodukt ausschließlich natürlicher Prozesse erklärt und sich dafür die Praxis menschlicher Pflanzen- und Tierzüchtung als Vorbild nimmt.

Ein von vielen heutigen Autoren betontes Detail besteht darin, daß der Mensch in diesem Buch nicht ausdrücklich vorkommt, mit Ausnahme eines einzigen Satzes am Ende des Buches, der vom ersten Übersetzer des Werkes ins Deutsche, Heinrich Georg Bronn, einfach weggelassen wurde: »Es wird Licht fallen auf den Ursprung des Menschen und auf seine Geschichte.«[2]

1 Charles Darwin, *On the Origin of Species by Means of Natural Selection: Or, The Preservation of Favoured Races in the Struggle of Life* (1859); deutsch: *Die Entstehung der Arten durch natürliche Zuchtwahl*, aus dem Englischen von Carl W. Neumann, Stuttgart 1974 (im folgenden EdA).

2 Alle Zitate nach EdA, hier S. 685.

Erst 1881 erscheint *Die Abstammung des Menschen,*[3] bald gefolgt von *Der Ausdruck der Gemütsbewegungen bei dem Menschen und dem Tier* (1882).[4] So deutlich Darwin, wie bereits an den Buchtiteln erkenntlich, publizistisch trennt zwischen seiner Abstammungstheorie, in der außer Pflanzenbeispielen nur Tiere vorkommen, dann erst in einem zweiten umfangreichen Buch seine Theorie auf die Abstammung des Menschen anwendet, um schließlich in einem weiteren Buch einen sehr ausführlichen Mensch-Tier-Vergleich im Bereich des Ausdrucksverhaltens zu diskutieren, so sehr ist doch das erste Hauptwerk ein revolutionäres Buch über die Natur des Menschen. Durch seinen Platz in einem Abstammungsgeschehen aus dem Tierreich erhält der *Mensch eine Einordnung in die Natur,* die so grundlegend ist, daß Darwin seinem eigentlich der Abstammung des Menschen gewidmeten zweiten Buch die Bemerkung vorausschickt:

> »Mein Werk enthält kaum neue Tatsachen; die Schlüsse jedoch, zu denen mich eine flüchtige Übersicht führte, schienen mir interessant genug, um sie auch anderen mitzuteilen. Es ist oft mit größter Entschiedenheit behauptet worden, der Ursprung des Menschen werde immer in Dunkel gehüllt bleiben. Allein, Entschiedenheit wurzelt häufiger in Unwissenheit als in Wissen [...]. Die Folgerung, daß der Mensch ebenso wie

3 Charles Darwin, *The Descent of Man, and Selection in Relation to Sex* (1881); deutsch: *Die Abstammung des Menschen,* aus dem Englischen von Heinrich Schmidt, Leipzig 1908, neu aufgelegt Frankfurt am Main 2009 (im folgenden AdM).

4 Charles Darwin, *The Expression of the Emotions in Man and Animals* (1882); deutsch: *Der Ausdruck der Gemütsbewegungen bei den Menschen und den Tieren,* aus dem Englischen von Julius Victor Carus und Ulrich Enderwitz, Frankfurt am Main 2000 (im folgenden AdGMT).

andere Arten von einer alten, tiefstehenden, ausgestorbenen Form abstamme, ist keineswegs neu.«[5]

Hier sollen weder Zusammenfassungen der drei Werke gegeben noch deren Inhalte allgemein diskutiert werden. Stattdessen geht es um das Verhältnis von Mensch und Tier und um die Fragen, was Darwin dazu schreibt und wie diese Bücher heute mehrheitlich gelesen werden, vor allem von Fachbiologen. Hier ist auf wichtige erkenntnistheoretische und sprachphilosophische Vorentscheidungen bei Darwin wie bei seinen Lesern aufmerksam zu machen.

Wie ist Darwin heute zu lesen, wenn die Lektüre unter der Zielsetzung steht, seine naturwissenschaftlichen Ergebnisse zu unterscheiden von seinen Reflexionen auf Methoden, Grundsätze und Prinzipien, die er zur Deutung von Beobachtungen an Tieren und Menschen heranzieht? Das Unterfangen, Darwins Sprache genauer zu untersuchen, dient hier weniger philologischen Interessen, es soll vielmehr ein Mittel dafür sein, mit kritischem Blick auf seine drei großen Schriften zu zeigen, daß und inwieweit er aus heutiger Sicht als Begründer einer eigenen Tradition der neuzeitlichen Biologie auch für Fehlentwicklungen Pate steht.

Bei »Fehlentwicklungen« ist nicht die Rede von jüngeren Ergebnissen der Naturwissenschaften, etwa der Molekularbiologie, die bei ungeschmälerter Bewunderung des Gründervaters unter dem Thema »Was Darwin noch nicht wissen konnte« vielerorts nachzulesen sind. Was aber heute so gut wie nirgends nachzulesen ist und das Anliegen des vorliegenden Buches bestimmt, ist eine spezifische Naivität Darwins gegenüber seinen eigenen Bemühungen. Es ist dies die Naivität, die häufig auch berühmte

5 AdM, S. 11.

Naturforscher der Physik und der Chemie zeigten, als sie darangingen, in ihrem Feld die Naturwissenschaft zu revolutionieren. Aber im Unterschied zu Physik und Chemie, wo der Physiker oder der Chemiker weniger die eigene Person als die eigenen Produkte, nämlich Meß- und Experimentalapparate und die an ihnen bestimmten Fachbegriffe als Bedingung für seine Forschungsergebnisse vernachlässigt, hat in der Evolutionsbiologie diese Naivität besonderes Gewicht. Dort nämlich ist der Mensch zugleich Forschungsobjekt, Forscher und auch noch der seine Ergebnisse mit Geltungsanspruch vortragende Autor. Diese Selbstbezüglichkeit bleibt bei Darwin und seinen Nachfolgern ausgeblendet.

Ziel dieses Kapitels ist es also, den Leser von Darwins Werken auf einige Punkte aufmerksam zu machen, deren Kritik die Gründe aktueller Fehlentwicklungen in Teilen der heutigen Biologie offenlegt. Denn längst nicht alles, was unter dem Motto »Der Mensch und andere Tiere« von Evolutionsbiologen, Verhaltensforschern, Genetikern und naturwissenschaftlichen Anthropologen vertreten wird, ist auch tatsächlich ein Ergebnis naturwissenschaftlicher Forschung. Einiges ist zusätzliche Interpretation oder nachträgliche Deutung und manches nur kühnes Programm oder gar pure Ideologie.

Nun dürfen in einer solchen Kritik die Grenzen zwischen naturwissenschaftlichen Ergebnissen und ideologischer Begleitung nicht ihrerseits wieder ideologisch gezogen werden. Sie müssen gerechtfertigt sein. Das ist die Last der Vernunft in der Form der Wissenschaftlichkeit: Vernunft kann nur vernünftig, Wissenschaftlichkeit nur wissenschaftlich bestimmt werden, wollen sie nicht selbst dogmatisch und ideologisch werden. Deshalb muß dann jede Kritik, jeder Vorschlag und jeder Lösungsansatz für sich der Prüfung standhalten, ob sie begrifflich klar und nachvollziehbar sowie in ihrer Geltung allgemein annehmbar sind.

1.1 Die Entstehung der Arten durch natürliche Zuchtwahl (1859)

Das Darwin-Jahr hat uns lesenswerte Bücher und Artikel über das Standardwerk des britischen Naturforschers beschert. Es ist leicht, sich heute kompetent darüber informieren zu lassen. Buchtitel wie *Der kleine Darwin*, *Das ist Evolution*, *Tatsache Evolution: Was Darwin nicht wissen konnte* und viele andere können dem als Hilfe dienen, der den rund 650 Seiten der deutschen Übersetzung der Reclam-Ausgabe zunächst hilflos gegenübersteht. Dabei wird aber der Leser jeden Buches und jeden Artikels zu berücksichtigen haben, daß deren Autor mit seinem Text jeweils seine eigene Zwecksetzung verfolgt und diese, bei guten Texten, auch ausdrücklich nennt. Auch die folgenden Überlegungen sind von einer Zielvorgabe geleitet, die schon genannt wurde: Die sprachphilosophische und wissenschaftstheoretische Analyse von Darwins Büchern im weiteren Zusammenhang der Evolutionsbiologie fragt speziell nach dem Mensch-Tier-Verhältnis.

Die Logik des Klassifizierens: Aristoteles

Die besondere Neuerung des Darwinschen Werkes tritt deutlich hervor, wenn man es mit Schriften von Aristoteles vergleicht. Dieser Vergleich liegt nahe, insofern beide Autoren nach allumfassenden Klassifikationen suchen und Aristoteles der Begründer der Logik ist, die als Werkzeug des Klassifizierens auch heute noch benötigt wird. Daß neuzeitliche Naturwissenschaft gerade der Überwindung des Aristotelismus geschuldet ist, ist ein Klischee, das wesentlich von Galileo Galilei in die Welt gesetzt wurde. Es richtet sich pauschal gegen teleologische Erklärungen bei Aristoteles zugunsten kausaler Erklärungen. Und es betrifft, abgesehen vom Unterschied zwischen Aristoteles und den Lehrmeinungen des von Galilei kritisierten Aristotelismus, jedenfalls nicht die aristotelische »Syllogistik«.[6]

Syllogistik als Lehre von den Syllogismen behandelt logische Schlüsse einer besonderen Form. Aus zwei vorausgeschickten Sätzen (lateinisch *Prämissen*), die gemeinsam (griechisch *syn*) überlegt werden (gr. *logizomai*), wird ein Schluß (lat. *Konklusion*) gezogen. Ein »Schluß« heißt so, weil er das Zusammenüberlegen der beiden Prämissen abschließt.

Die Entdeckung von Aristoteles, den man damit als den Vater der *formalen Logik* betrachten darf (und dabei, wie immer, sicher einige Vorläufer übergeht), bestand darin, daß es Formen solcher Syllogismen gibt, deren Schlüssigkeit unabhängig von den Inhalten und der Wahrheit der einzelnen Teilsätze ist. Man sagt dafür, sie seien *logisch wahr aufgrund ihrer Form allein*. So hat es heute für einen Sprecher der deutschen Alltagssprache bereits eine eigene Suggestivität zu sagen: »Wenn: alle p sind q, und wenn: alle q sind r, dann: alle p sind r.« Die Suggestion entsteht, ohne daß erläutert wird, wofür die Buchstaben p, q und r stehen. (Der Gebrauch der Wörter »wenn«, »und«, »dann« sowie »alle« wird dabei der normalen Kompetenz des Alltagssprachensprechers überlassen.) Das ist der Kern der aristotelischen Entdeckung, alltagspsychologisch gewendet.

Die Stilisierung, die Aristoteles seiner Entdeckung des logischen Schließens gegeben hat, besteht in der Auszeichnung von vier Grundformen von Teilsätzen: (1) »Alle p sind q«; (2) »einige p sind q«; (3) »einige p sind nicht q« und (4) »kein p ist q«. (Wir übergehen hier, daß bei Aristoteles die Formen etwas anders

6 Der Klassiker immer noch: Günther Patzig, *Die aristotelische Syllogistik. Logisch-philologische Untersuchungen über das Buch A der »Ersten Analytiken«*, 3. Auflage, Göttingen 1969.

angegeben werden, weil sie im Deutschen dann mit künstlich wirkenden Formulieren übersetzt werden müßten.)[7]

Begriffsbäume und Begriffspyramiden

Diese vier Formen reichen aus, um alle möglichen Verhältnisse in einem Einteilungsschema zu erfassen, das man heute gern als »Begriffspyramide« oder »Begriffsbaum« bezeichnet, das aber auch in einer wissenschaftlichen Taxonomie seinen Niederschlag findet. Um nicht einen Vorgriff auf die Einteilung der Lebewesen einzuschmuggeln, sei dies am Beispiel der Einteilung der Musikinstrumente eines Sinfonieorchesters erläutert. Oberbegriff ist »Musikinstrumente«, die eingeteilt seien in Blas-, Streich-, Schlag- und (der sicheren Vollständigkeit halber) in die Restklasse aller anderen Instrumente. Betrachten wir die Einteilung der Blasinstrumente in Holz- und Blechblasinstrumente. Nicht das Material des Instruments, sondern die Form der Tonerzeugung gibt dafür den Ausschlag. Die silberne Querflöte und das Saxofon aus Messing gehören, wegen ihrer Tonerzeugung, zu den Holzblasinstrumenten, während ein aus Holz gefertigtes Krummhorn mit einem Trompetenmundstück wie etwa eine Trompete oder Posaune zu den Blechblasinstrumenten zählt. Formuliert in den vier aristotelischen Grundfiguren gilt etwa:

(1) Alle Holzblasinstrumente sind Blasinstrumente. (2) Einige Blasinstrumente sind Holzblasinstrumente. (3) Einige Blasinstrumente sind keine Holzblasinstrumente. (4) Kein Blechblasinstrument ist ein Holzblasinstrument.

In ihnen kommen die möglichen vier Verhältnisse der Subsum-

7 Eine gute Übersicht über die Syllogistik gibt Paul Lorenzen, *Formale Logik*, 2. Auflage, Berlin 1967.

tion, des Schnitts, des konträren und des kontradiktorischen Gegensatzes vor.

Die Syllogistik als Lehre von den syllogistischen Schlüssen sucht nun aus der Menge aller möglichen Kombinationen nach denjenigen Zusammensetzungen zweier Prämissen und einer Konklusion, die schlüssig (»logisch gültig« oder »logisch wahr«) sind. Denn dies sind offensichtlich nicht alle kombinatorisch möglichen Zusammensetzungen, wie man am Beispiel leicht sehen kann: Wenn: einige p sind q, und: einige q sind r, dann: einige p sind r. Denn, wenn einige Holzblasinstrumente aus Metall sind und einige aus Metall gefertigte Instrumente ein Trompetenmundstück haben, dann folgt daraus eben nicht, daß einige Holzblasinstrumente ein Trompetenmundstück haben. Die Syllogistik als Lehre muß deshalb zeigen, wie die kraft ihrer Form gültigen Schlüsse (im Unterschied zu den »ungültigen«) zu gewinnen sind. Zweck dieser Lehre ist es, eine Logik für eindeutige Klassifikationsschemata bereitzustellen. Da es der Logik, die gerade deshalb »formal« genannt wird, um Schlüsse geht, die *kraft ihrer Form allein* gültige Schlüsse sind, ist formale Logik klar von ihrer Anwendung auf inhaltlich interessierende Aussagen unterschieden.

Was ist zu klassifizieren?

Für Aristoteles war die Syllogistik das Werkzeug für die Einteilung alles Seienden. Sein grobes Schema teilt auf der ersten Stufe das Seiende in Steine, Pflanzen, Tiere und Menschen ein. Es ist kein Einwand gegen solche Vorschläge, daß wir nach unseren heutigen Kriterien schwierige Grenzfälle kennen, in denen zum Beispiel die Trennung von unbelebt und belebt oder die Trennung von Pflanze und Tier schwierig wird. In einem früheren

Stadium hielt man die Einteilung der Chemie in anorganisch und organisch für naturgegeben und scharf. Als aber dann 1828 der (organische) natürliche Harnstoff von Friedrich Wöhler aus anorganischen Stoffen synthetisiert werden konnte, wurde diese scharfe Trennlinie fragwürdig. Für die Logik hat dies keine Folgen. Im Zweifel muß zur Einteilung auf jeder Einteilungsebene eine Restkategorie der »Sonstigen«, also auch der Grenzfälle, hinzugenommen werden, um alle Objekte der Ebene zu erfassen.

Anders steht es dagegen bei den Fragen, ob aus der aristotelischen Absicht, die Gesamtheit des Seienden einzuteilen, *eine und nur eine* Einteilung sich ergibt und ob diese Frage vom eingeteilten Seienden her, also »ontologisch«, oder von den Einteilungsverfahren her, also »methodologisch«, beantwortet werden muß. Heute ist es geradezu selbstverständlich, daß jedes Klassifizieren selbst ein zweckabhängiges, menschliches Handeln ist, die Antwort also methodologisch gegeben wird. Wer etwa den Warenbestand eines Kaufhauses nach den üblichen Abteilungen wie Lebensmittel, Haushaltswaren, Bekleidung, Unterhaltungselektronik usw. sortiert, nimmt einen anderen Blick auf die Waren ein als der Manager, der Waren allein nach Rentabilitätsgesichtspunkten einteilt. Ja, man kann leicht Beispiele konstruieren, in denen die eine Einteilung auf die andere nicht oder nicht eindeutig abgebildet werden kann. Es ist also keineswegs aus logischen Gründen berechtigt, *eine und nur eine Einteilung aller Lebewesen*, rezent oder naturgeschichtlich, zu erwarten. Verschiedene Einteilungsaspekte könnten durchaus zu verschiedenen, nicht aufeinander abzubildenden Ordnungen führen. Aber wieder bleibt die Syllogistik als Lehre von der Logik des Einteilens davon unberührt.

Irreführend ist die Suggestion, »Begriffspyramiden« wegen ihrer Verzweigungen nun als Wurzelwerk eines Baums oder gar als einen auf dem Kopf stehenden, hängenden Stammbaum zu interpretieren. Da die Rede vom Stammbaum auch bei Darwin wie in der aktuellen Biologie eine Rolle spielt, hier einige Bemerkungen:

Das Wort »Stammbaum« wird gern als Metapher aus menschlichen Verwandtschaftsverhältnissen innerhalb einer Familie (berühmt: der Familie Johann Sebastian Bachs) genommen. Der Stammbaum einer Familie zählt also Individuen auf, die am Anfang und am Ende der Verzweigungen stehen (und sich etwa auf alle Nachkommen einer Person oder auf alle Vorfahren einer Person beschränken). Diese Darstellung darf aber nicht auf beliebige Gruppen von Individuen übertragen werden. Denn die Beziehungen im Familienstammbaum, die durch Verbindungslinien zwischen den Personennamen dargestellt werden, sind direkte Ehe- oder Eltern-Kind-Verhältnisse, aus denen sich dann weitere Verwandtschaftsgrade wie Neffen, Cousinen, Enkel usw. ableiten lassen.

Bei Gruppen von Individuen handelt es sich dagegen um weit schwierigere »Abstammungs- und Verwandtschaftsverhältnisse«, die der Evolutionsbiologe nach den jeweiligen Kriterien bestimmen muß und die mit verschiedenen Theorien auch verschieden bestimmt werden. Für ihre Klassifikation greift die aristotelische Logik, wenn – ja wenn – mit dem Wort »Stammbaum« nicht etwas ganz anderes gemeint ist, nämlich wie bei Darwin:

> »Die Verwandtschaft aller Wesen derselben Klasse wird oft in der Form eines Stammbaumes veranschaulicht, und dieses Bild entspricht, wie ich glaube, durchaus der Wirklichkeit. Die

grünen und knospenden Zweige stellen die bestehenden Arten dar und die im vorhergehenden Jahre entstandenen Zweige die vielen ausgestorbenen Arten. In jeder Wachstumsperiode haben alle Zweige das Bestreben, sich nach allen Seiten hin zu erstrecken und die benachbarten Äste und Zweige zu überwachsen und zu unterdrücken, ebenso wie im großen Kampf ums Dasein Arten und Artengruppen andere Arten zu meistern suchen. [...] Seit dem ersten Aufsprießen des Stammes ist mancher Ast und mancher Zweig verdorrt und abgefallen. [...] So wie Knospen durch Wachstum neue Knospen erzeugen und diese wieder, wenn sie lebenskräftig sind, ausschlagen, zu neuen Zweigen werden und schwächere Zweige zu überwinden suchen, so glaube ich, geschieht es auch seit Generationen *am großen Lebensbaum*, der die Erdrinde mit seinen toten, dahingesunkenen Ästen erfüllt und die Erdoberfläche mit seinem ewig neu sich verästelnden schönen Gezweige belebt.«[8] (Hervorhebung des Verfassers)

Hier ist der »Stammbaum« der »große Lebensbaum«, und das Tertium comparationis dieses »Bildes« ist der Kampf ums Überleben für die Menge aller je auf der Erde vorkommenden Lebewesen überhaupt. Dagegen spielen die Abstammungsverhältnisse eine untergeordnete Rolle. Heute ist in Fachdiskussionen der Evolutionsbiologen wie in Popularisierungen der Evolutionstheorien davon die Rede, statt dieser sogenannten Stammbäume eher Netzwerke mit gelegentlich sich wieder schließenden Maschen und nicht mit fortgesetzter Verzweigung anzunehmen oder, wie schon Darwin überlegte, das Bild der Koralle dem des Baumes vorzuziehen.[9] In jedem Falle aber kommt es darauf an,

8 EdA, S. 188.

9 Vgl. etwa Ernst Peter Fischer, *Der kleine Darwin. Alles, was man über Evolution wissen sollte*, München 2009, S. 113 f.

wie die Relationen (etwa der Verwandtschaft) zwischen den Verzweigungen bestimmt sind und welche Gegenstände (etwa Arten) durch die Verzweigungspunkte bezeichnet werden.[10] Bereits die Form der Teilaussagen liefert einen formal-logischen Grund dafür, daß die aristotelische Syllogistik keine Stammbäume im wörtlichen Sinne, also keine Familienstammbäume von Individuen mit ihren Verwandtschaftsverhältnissen, erfaßt.

Taxonomien

Ziehen wir ein Fazit aus dem Vergleich von Aristoteles und Darwin: Die Lehre von den Einteilungen des aktuell Lebendigen nach Maßgabe ihrer Abstammung muß unterscheiden, ob sie (1) das logische Instrumentarium von Aristoteles auf die Einteilung des heute vorgefundenen Bereiches der Lebewesen von den Einzellern bis zu den Menschen beschränkt, also eine Übersicht über alle, aber auch *nur über die heute lebenden, »rezenten« Formen* geben will. Dann sind selbstverständlich neben der logischen Form der Einteilung die inhaltlichen Unterscheidungskriterien zu nennen (wie oben bei den Kaufhausartikeln). Da solche Kriterien von Menschen nicht nur »angewendet«, sondern gesetzt werden (man könnte sich die Einteilung der Tierwelt auch nach den Wünschen einer Zoohandlung vorstellen), nennt man

10 Moderner ist es zu überlegen, ob nicht ganz andere Typen von Verbindungen in evolutionären »Stammbäumen« anzunehmen sind als bloße Verwandtschaftsverhältnisse, nämlich Wechselwirkungen zwischen ganzen Funktionssystemen in funktionellen Hierarchien (vgl. etwa Hans-Rainer Duncker, »The biological fundamentals of human cultural developments and their unique functional integrations«, in: *On Human Nature. Anthropological, Biological and Philosophical Foundations*, herausgegeben von Armin Grunwald, Mathias Gutmann und Eva M. Neumann-Held, Berlin/Heidelberg/New York 2002, S. 53-72).

eine solche Einteilung eine »künstliche« Klassifikation oder »Taxonomie« (gr. *taxis*, Ordnung, und *nomos*, Gesetz). Historisch ist die auf Carl von Linné zurückgehende Nomenklatur für Pflanzen und Tiere Ausdruck eines Programms für eine künstliche, also *menschgemachte* Taxonomie.[11]

Wenn dagegen (2) die Lehre von den Einteilungen des Lebendigen diese logisch-sprachliche Sortierung des Gegenwärtigen inhaltlich (!) als Produkt eines Fortpflanzungs- und Auslesegeschehens verstehen will, also als *ein Produkt eines menschenunabhängigen Naturgeschehens*, dann nennt man eine solche Taxonomie »natürlich«. Diese Bezeichnung ist plausibel, auch wenn die Wahl des Einteilungskriteriums wieder durch Menschen gesetzt wird. Damit zeigt sich ein Problem, vor das sich auch Darwin gestellt sah: Welche sind die natürlichen Geschehnisse, nach denen sich dieses Naturgeschehen strukturieren, die Individuen in Gruppen sortieren, ihre Verhältnisse zueinander definieren und der Gang des Gesamtgeschehens kausal erklären lassen?

Darwin versus Aristoteles

Um den Unterschied der aristotelischen Ontologie und der Darwinschen Naturgeschichtsschreibung zu pointieren, kann man Aristoteles als den Denker charakterisieren, der das aktuell Vorgefundene in ein statisches System (von gr. *synthitemi*, ich stelle zusammen) ordnen will, während Darwin der Umdenker ist, der das statische System in ein Naturgeschehen auflöst, für dessen neue Einteilung erst geeignete Unterscheidungskriterien gefunden werden müssen. Darin liegt die wichtigste erkenntnistheore-

11 1753 führte Linné in seinen *Species Plantarum* die binäre Nomenklatur nach Gattungs- und Artnamen ein.

tische Schwierigkeit des Darwinschen gegenüber dem aristotelischen Unternehmen:

Während der aristotelische Statiker alle Gegenstände seiner Systematisierung sozusagen gleichzeitig und aktuell vor Augen hat, handelt der Naturhistoriker von den tatsächlich nicht beobachteten, ja, teilweise prinzipiell unbeobachtbaren Geschehnissen (unbeobachtbar, weil sie zeitlich vor der Entstehung jedes menschlichen Beobachters liegen). Diese muß er, ausgehend von den aktuell beobachteten Verhältnissen, chronologisch rückwärts erschließen; er muß sie »rekonstruieren«. Beim Erschließen vergangener aus den aktuell beobachteten Verhältnissen – dem »Prinzip des Aktualismus« der Evolutionsbiologie – muß neben den geordneten Überblick über die aktuellen Verhältnisse einerseits *ein aktuelles Wissen über die natürlichen Mechanismen oder Gesetze* investiert werden, nach denen das abgelaufene Geschehen rekonstruiert wird, und andererseits *ein Prinzip vorausgesetzt* werden, wonach sich dieses *Geschehen kohärent* oder *graduell*, also ohne naturgesetzwidrige Lücken, Brüche oder Sprünge durch ein göttliches Eingreifen vollzieht.

Tatsächlich ist es bemerkenswert, mit welcher Sorgfalt und von welchen Zweifeln begleitet Darwin in *Die Entstehung der Arten* Hypothesen erfindet, aufgreift, verwirft und schließlich – wie allgemein bekannt – gerade nicht dazu kommt, den Begriff der Art als wichtigste Einteilungskategorie durch eine Definition festzulegen. Daß er, wie am auf Seite 20 gegebenen Zitat zu sehen, gleichwohl vom Menschen als von einer Art spricht, steht dem nicht entgegen. Man hat sich diesen Sprachgebrauch Darwins wohl als vorläufig vorzustellen. Das ist nicht zu beanstanden, weil man ja auch für die Suche nach logisch exakten und empirisch adäquaten Begriffsbestimmungen selbst immer schon Wörter benötigt.

Damit sind für das erste Hauptwerk Darwins die Vorüberlegungen zusammengetragen, um einen Blick auf das Mensch-Tier-Verhältnis zu werfen.

Die Naturgeschichte des Menschen

Die Auflösung des statischen Bildes von der Natur in ein Naturgeschehen verläuft bei Darwin vom Einfacheren zum Komplexeren, von den »niederen« zu den »höheren« Entwicklungsformen. Neben dem Aussterben von Lebensformen kommen auch Entwicklungen vor, die einer steten Zunahme von Komplexität widersprechen, wie die Beibehaltung einfach strukturierter Organe oder die Rückkehr zu längst verlorenen Eigenschaften. Dennoch zeigt die Argumentation Darwins für das Tier-Mensch-Verhältnis ganz klar, daß *der Mensch das am höchsten entwickelte Lebewesen* ist. Es ist also irreführend, wenn gelegentlich zu hören ist, der Mensch sei durch Darwins Lehre »entthront« oder bilde »nicht mehr die Krone der Schöpfung«. Da jedoch in *Die Entstehung der Arten*, wie oben erwähnt, der Mensch als Gegenstand der Evolution nur in einem einzigen kurzen Satz auftaucht, sind auch keine ausdrücklichen Äußerungen über das Tier-Mensch-Verhältnis zu finden.

Erst in *Die Abstammung des Menschen* finden sich Formulierungen wie »der Mensch wie jedes andere Tier«[12] oder der Mensch, »auf den Gipfel der organischen Stufenleiter erhoben«.[13] Selbstverständlich muß Darwin bereits in *Die Entstehung der Arten* den Menschen als Akteur bei der Domestikation von Pflanzen und Tieren ins Auge fassen, um *in der künstlichen Zuchtwahl* durch den Menschen *ein Modell für die »natürliche Zuchtwahl«* zu gewin-

12 AdM, S. 77.
13 AdM, S. 261.

nen. Ja, Darwin spricht sogar über »günstige Umstände für den Einfluß des Menschen bei der Zuchtwahl«,[14] denen »die Veränderlichkeit unter allen Umständen [als] eine notwendig im Wesen des Tieres begründete Eigenschaft«[15] gegenübergestellt wird. Das heißt, Darwin unterscheidet hier sehr wohl die natürlichen von den künstlichen, menschgemachten Einflüssen auf die Zuchtwahl.

Das Züchtungsmodell

Bei der Zuchtwahl wählt und setzt der Mensch die Zwecke für das Herauszüchten erwünschter Eigenschaften bei Pflanzen und Tieren, von der Süße der Erdbeeren bis zum Federkleid der Tauben. Diese Setzungen mögen sich orientieren an beobachteten Eigenschaften, die im Wechsel zwischen Individuen und Generationen variieren. Aber die Auswahl solcher Eigenschaften bleibt für das Züchtungshandeln und damit auch für seine Beschreibungen durch Darwin auf eine menschliche Zwecksetzung angewiesen. Nur sie legitimiert das Ergebnis, das Darwin im letzten Satz des ersten Kapitels zusammenfaßt: »Unter allen diesen Ursachen der Veränderung scheint mir die akkumulative Wirkung der Zuchtwahl, mag sie nun planmäßig und rasch oder unbewußt und langsam, aber dann um so sicherer gewirkt haben, die vorherrschende Kraft gewesen zu sein.«[16]

Mit diesem Züchtungsmodell erklärt Darwin die »Abänderung im Naturzustande«. Worum es bei der Züchtung in klassifikatorischer Hinsicht geht (außer natürlich um Individuen), also ob Rassen, Arten, Familien oder anderes züchtend verändert wer-

14 EdA, S. 70.
15 EdA, S. 74.
16 EdA, S. 75.

den soll, bleibt offen. Seine Wortwahl für Klassifikationen ist der damaligen Zeit entsprechend traditionell. Obgleich der Titel des großen Werkes erwarten läßt, daß sich dort ein geklärter Art-Begriff findet, lehnt dies Darwin ab:

»Auch will ich hier nicht die verschiedenen Deutungen erörtern, die man dem Worte ›*Arten*‹ gegeben hat. Keine einzige hat alle Naturforscher befriedigen können, indessen weiß jeder im allgemeinen, was mit dem Ausdruck ›Arten‹ gemeint ist; gewöhnlich schließt die Bezeichnung das unbekannte Element eines besonderen Schöpfungsaktes ein. Und beinahe ebenso schwer definierbar ist ›Varietät‹; gewöhnlich versteht man darunter ganz allgemein die ›Gemeinsamkeit der Abstammung‹, obwohl diese selten nachweisbar ist.«[17]

Durchgehend verwendet Darwin die Wörter Art, Gattung, Familie, Rasse, Varietät, und er verläßt sich darauf, daß deren Verständlichkeit jeweils aus dem Kontext hervorgeht. Sein Ergebnis faßt er schon in der Einleitung so zusammen:

»Ich bin fest überzeugt, daß die Arten nicht unveränderlich, sondern daß die zu einer Gattung gehörenden die Nachkommen anderer, meist schon erloschener Arten, und daß die anerkannten Varietäten einer bestimmten Art Nachkommen dieser sind. Und ebenso bin ich fest überzeugt, daß die natürliche Zuchtwahl das wichtigste, wenn auch nicht einzige Mittel der Abänderung war.«[18]

Damit gilt auch der Mensch hauptsächlich als durch natürliche Zuchtwahl entstanden.

17 EdA, S. 75f.
18 EdA, S. 29.

Erkenntnistheoretisch gesehen, hat damit Darwin ein Kunststück vorgelegt, das er selbst nirgends erwähnt und das ihm wohl auch selbst nicht bewußt gewesen sein dürfte. Denn, in absichtsvoller Zuspitzung gesagt, in Darwins klassischem Buch kommen *drei Sorten von Menschen* vor, nämlich (1) solche, die durch natürliche Zuchtwahl nicht anders entstanden sind als (nicht vom Menschen gezüchtete) Pflanzen und Tiere, dann (2) solche, die als Pflanzen- und Tierzüchter zweckrational handeln und dadurch Natürliches verändern, »kultivieren«, und schließlich (3) implizit der Autor Darwin selbst, zusammen mit den Fachgelehrten seiner Zeit, auf die er sich zustimmend oder ablehnend ebenso bezieht wie auf sich, wenn er formuliert »ich bin überzeugt ...«.

Diesen drei Sorten von Menschen kommen sehr verschiedene Rollen zu. Sie werden nicht einfach durch das heute oft anzutreffende, naive Verständnis der Evolutionsbiologie (oder auch nur des Ansatzes von Darwin) egalisiert, wonach alle drei Sorten eben unter den Gattungsbegriff »Mensch« fallen und damit evolutionstheoretisch nicht unterschieden werden. Denn zumindest erkenntnistheoretisch, das heißt in der Nachfrage nach Bedeutung und Geltung von Darwins Behauptungen, sind, um den simpelsten Einwand zu formulieren, nicht alle Menschen ihrer Abstammung nach Pflanzen- und Tierzüchter, und nicht alle Züchter sind Evolutionstheoretiker und Buchautoren. Da muß jeweils etwas »Spezifisches« hinzukommen, was wohl kaum eine »Spezies« im naturgeschichtlichen Sinne sein dürfte. Zugespitzt formuliert: Es liegt *ein begriffliches und ein Geltungsproblem* für die Aussagen Darwins darin, daß Tiere, die der natürlichen Zuchtwahl (neben anderen natürlichen Einflüssen) unterliegen, keine künstliche Domestikation betreiben und daß Charles Darwin und seine kulturmenschlichen Zeitgenossen in Person seiner Kollegen, welche Eigenschaften sie auch immer aus ihrer tierischen Abstammung haben mögen, gerade nicht als solche forschen und theoretisieren. Kurz: Darwin macht in *Die Entstehung der Arten* und macht zugleich nicht den Unterschied zwischen Tier und (Kultur-)Mensch. Daraus ergeben sich drei verschiedene Verhältnisse von Mensch und Tier.

Für den Leser, der sich weder für terminologische noch für methodologische Fragen erwärmen kann, sei dieser Einwand durch einen Vergleich veranschaulicht: In Darwins Beschreibung erscheint seine eigene Alltagswelt wie ein exotischer Zoo, in dem es verschiedene Gehege gibt für (1) natürliche und (2) domestizierte Pflanzen und (3) Tiere, (4) menschliche Domestizierer und Kultivierer sowie (5) wissenschaftlich forschende und schreibende Menschen, die klare und unklare, wahre und falsche Sätze produzieren und diskutieren. Zu diesem Bild gehört notwendig der gedankenlose Zoobesucher, der alle diese Gehege durcheilt, um überall das Gleiche vorzufinden, nämlich Produkte natürlicher Zuchtwahl.

Eine Nachfrage nach dem Verhältnis von Mensch und Tier und, dadurch begründet, eine Nachfrage nach Bedeutung und Geltung von Wörtern und Sätzen Darwins ist dann nicht mehr möglich. Der naive Besucher des exotischen Zoos, wie ihn *Die Entstehung der Arten* präsentiert, ist ein bewußtloser Beobachter. Ihm steht weder die Frage zu Gebot, wer mit welchen Absichten nach welchen Maßstäben diesen exotischen Zoo eingerichtet hat, also was der Autor Darwin seinen Überlegungen stillschweigend voraussetzt, noch kann ihm bewußt werden, daß er selbst als Leser (wie schon Darwin als Autor) einem *jedenfalls nicht naturgeschichtlich bestimmten Zoo seinen ebenfalls nicht naturgeschichtlich bestimmten Besuch* abstattet.

Nun wieder nichtmetaphorisch formuliert: Für die zwei anderen Bücher Darwins bleiben Fragen, wie *die von Darwin beschriebene und erklärte Natur* sich *zu seinem eigenen Anspruch* auf wissenschaftliche Geltung dieser Beschreibung und Erklärung verhält. Muß der Mensch außerhalb seiner tierischen Abstammung und Ausstattung etwas Nicht- oder sogar Antitierisches haben, um wie Darwin einen archimedischen Standpunkt außerhalb der Natur einnehmen zu können, von dem aus er das gesamte Naturgeschehen einschließlich der naturgeschichtlichen Menschwerdung sich vorstellen, beschreiben und aus den Angeln heben kann? Ist, mit anderen Worten, der wissenschaftliche Ansatz Darwins selbst kohärent (zusammenhängend) und konsistent (widerspruchsfrei) mit der tierischen Abstammung des Menschen, also auch der Charles Darwins als Person? Für eine Antwort soll deshalb jetzt das vom Titel her einschlägigere Buch herangezogen werden.

1.2 Die Abstammung des Menschen (1881)

Nach guter, nämlich auf die Verständlichkeit für den Leser gerichteter, Manier nennt Darwin in der Einleitung das Ziel seines Buches: »In diesem Werke soll nun untersucht werden: erstens, ob der Mensch – wie jede andere Art – von einer früher existierenden Form abstammt; zweitens die Art und Weise seiner Entwicklung; drittens der Wert der Unterschiede zwischen den so genannten Menschenrassen.«[19]

Das Buch ist im Hinblick auf die ersten beiden Punkte als bruchlose Fortführung von *Die Entstehung der Arten* zu lesen.

19 AdM, S. 10.

Der letzte Punkt ist hier dagegen wichtig, weil darin eine Definition von »Mensch« vorkommt. Formulierungen wie »es ist kein Zweifel, daß der Mensch ebenso wie jedes andere Tier, Strukturen aufweist, die ...«[20] belegen an zahlreichen Stellen, daß hier das Wort »Mensch« neben »Tier« als das Produkt natürlicher Zuchtwahl zu verstehen ist. Dies ist jedoch nur eine erste Eingrenzung des Sprachgebrauchs auf einen Aspekt, unter dem der Mensch betrachtet wird, aber keine explizite Definition. Wie spricht Darwin darüber hinaus vom Menschen? Wie möchte er das Wort »Mensch« allgemein verstanden sehen?

> »Durch die angeführten Mittel, unterstützt vielleicht durch andere, noch unentdeckte, hat sich der Mensch auf seine gegenwärtige Stellung erhoben. Seitdem er aber *die Würde der Menschheit erreicht* hat, hat er sich in verschiedene Rassen oder, wie sie passender genannt werden können, in Sub-Spezies gespalten. [...] Es stimmen aber alle Rassen in so vielen unbedeutenden Details der Struktur und in so vielen geistigen Besonderheiten überein, daß sie nur durch die Vererbung von einer gemeinsamen Stammform erklärt werden können; und *eine so charakterisierte Stammform würde wahrscheinlich als Mensch bezeichnet* werden müssen.«[21] (Herv. d. Verf.)

Die Bezeichnung »Mensch« gilt für Darwin also (bei allen Unterschieden zwischen Individuen und Gruppen) der gemeinsamen Stammform; und das allen Menschen Gemeinsame als charakteristisches Kennzeichen ist *naturgegeben, ist ein natürlicher Gegenstand.* Dennoch unterscheidet Darwin den Menschen vom (natürlichen) Tier durch seine »Würde der Menschheit«. Damit spielt er, nach den ersten beiden Kapiteln über Abstammung und Entwicklung des Menschen aus einer tiefer stehenden Form, auf

20 AdM, S. 252.
21 AdM, S. 253.

die geistigen und moralischen Fähigkeiten des Menschen gegenüber den Tieren an.

»Wer nicht gleich einem Wilden damit zufrieden ist, die Naturerscheinungen als unzusammenhängende Geschehnisse zu betrachten, der kann nicht länger mehr glauben, daß der Mensch seinen Ursprung einem separaten Schöpfungsakt verdanke.«[22] Der Kulturmensch, der dem Kohärenz-Prinzip »natura non facit saltus« (Die Natur macht keine Sprünge) verpflichtet ist, kann dennoch als »moralisches Wesen bezeichnet« werden, »welches fähig ist, seine früheren Handlungen und deren Motive zu überlegen, dabei die einen gut heißend, die anderen verwerfend; und *die Tatsache, daß der Mensch ein Wesen ist, welches Anspruch auf diese Bezeichnung hat, ist der größte Unterschied zwischen ihm und den unter ihm stehenden Tieren«* ... er hat »Gewissen. Jeder Instinkt, der dauernd stärker ist als ein anderer, oder länger andauert, veranlaßt ein Gefühl, das wir ausdrücken, wenn wir sagen: wir müssen ihm gehorchen.«[23]

Dieses Verhältnis der »Würde der Menschheit« zu ihrer Abstammung aus einer niederen Form pointiert Darwin noch einmal am Ende seines Buches:

> »Es ist begreiflich, daß der Mensch einen gewissen Stolz empfindet darüber, daß er sich, wenn auch nicht durch seine eigenen Anstrengungen, *auf den Gipfel der organischen Stufenleiter erhoben* hat; und die Tatsache, daß er sich so erhoben hat, anstatt von Anfang an dorthin gestellt zu sein, mag in ihm die Hoffnung auf eine noch höhere Stellung in einer fernen Zukunft wecken. Aber wir haben es hier nicht mit Furcht und Hoffnung zu tun, sondern allein mit der Wahrheit, soweit wir fähig sind, sie zu entdecken; und ich habe meine Beweise gege-

22 AdM, S. 251.
23 AdM, S. 256.

ben, so gut ich eben kann. Und wir müssen, wie mir scheint, jedenfalls zugeben, daß der Mensch mit allen seinen edlen Eigenschaften, mit seiner Sympathie für die Niedrigsten, mit seinem Wohlwollen nicht nur gegenüber anderen Menschen, sondern auch gegenüber dem niedrigsten Lebewesen, mit seinem gottähnlichen Verstand, der ihn die Bewegungen und die Einrichtung des Sonnensystems erkennen ließ, daß der Mensch mit all diesen Fähigkeiten und Kräften in seinem Körperbau immer noch die unaustilgbaren Zeugnisse seines niedrigen Ursprungs erkennen läßt.«[24] (Herv. d. Verf.)

Darwin hat damit ein Spannungsfeld eröffnet, das auch der heutigen Evolutionsbiologie und allgemein den Naturwissenschaften vom Menschen eine Fülle ungelöster Probleme beschert. Wenn nämlich einerseits »Mensch« für die Stammform steht, die gleichsam die Schnittmenge aller den verschiedenen Individuen und Gruppen gleichen natürlichen Eigenschaften ist, etwa ein universeller organismischer Bauplan und ein daraus resultierendes »Verhalten«, und wenn andererseits der »Mensch« den Adel menschlicher Würde trägt, die ihn durch Moral und Gewissen auszeichnet und zu wissenschaftlicher Erkenntnis des Universums und seiner Naturgesetze (eingeschlossen diejenigen für die Entstehung und Entfaltung des Lebendigen) befähigt, dann besteht ein großes Problem:

Prinzip Aktualismus und der Mensch als Kulturgegenstand

Wie ist das Verhältnis zwischen dem *Menschen als Naturgegenstand* und dem *Menschen mit Würde, Moral und Naturwissenschaft* heute zu sehen (um die von Darwin ausdrücklich erwähn-

24 AdM, S. 261.

ten Kulturleistungen zu nennen und dabei hier wie für das ganze Buch die Religion auszusparen)? Diese Frage muß ja für eine Naturgeschichtsschreibung methodisch im ersten Schritt beantwortet werden. Denn Geschichtsschreibung als empirische Naturwissenschaft ruht, wie schon gesagt, auf dem Prinzip des Aktualismus auf, das auch von Darwin tatsächlich konsequent befolgt wird: Da die vergangenen Geschehnisse nicht direkt beobachtet wurden und zum größten Teil prinzipiell unbeobachtbar bleiben, muß sich naturwissenschaftliche Empirie auf das aktuell Zugängliche, auf die rezenten Formen des Lebens sowie auf die aktuell zugänglichen Funde und Spuren, etwa in Form von Fossilien, beschränken.

Um die Entwicklung des Verhältnisses der natürlichen und der kultürlichen Aspekte des Menschen zu klären, muß also aktualistisch, das heißt methodisch: noch vor Eintritt in eine Naturgeschichtsschreibung, *heute für heutige Verhältnisse* ein Mensch-Tier-Vergleich angestellt werden. Es wäre falsch, einen solchen Vergleich erst als Ergebnis der Naturgeschichtsschreibung zu erwarten. Das heute Vorfindliche ist der Ort der (jeweils aktuell betriebenen) Ethologie, also einer Verhaltensforschung, die Leistungen von Menschen und Tieren vergleicht, ohne aktuelle und naturhistorisch rekonstruierte Verhältnisse zu vermengen oder zu verwechseln. Naturwissenschaftliche Verhaltensforschung, die in verschiedenen Programmen von der Laborforschung mit dressierten Tieren über Beobachtungen an Zoo-, Nutz- und Haustieren bis zur Feldforschung an Wildtieren im natürlichen Habitat reichen, ist in der Gegenwart groß in Mode. Vor allem Ergebnisse der Primatenforschung erheben heute den Anspruch, Beiträge zu einer Anthropologie, also einer Lehre vom Menschen zu liefern. Darin liegt eines der wichtigsten Beispiele aktueller und teilweise modischer und modisch falscher Thesen zum Mensch-Tier-Verhältnis. Sie sind das Thema des zweiten Kapitels.

Das Kohärenzprinzip

Festzuhalten bleibt, daß das zweite Prinzip der Evolutionsforschung (neben dem des Aktualismus) *das Kohärenzprinzip* ist, wonach eine Rekonstruktion eines zusammenhängenden, sich graduell abspielenden Naturgeschehens allein auf Grund natürlicher Ursachen und Umstände gesucht wird. Dadurch soll der aktuelle Befund des Lebendigen als Produkt einer natürlichen Vorgeschichte erklärt werden. Darwin ist ganz konsequent in der Beachtung dieser beiden Prinzipien, sowohl im Vollzug seiner Forschung wie in seinen Überlegungen zum eigenen Vorgehen.

In seinem Buch *Die Abstammung des Menschen* gibt Darwin im letzten Kapitel (»Zusammenfassung und Schluß«, ein Abschnitt, aus dem oben bereits zitiert wurde) einen Überblick, der den Leitfaden seines Argumentationsgangs erkennen läßt. Mit großer Vorsicht (»Viele der Ansichten, die ich ausgesprochen habe, sind sehr spekulativ, und manche werden sich zweifellos als irrig erweisen; aber ich habe in jedem einzelnen Fall die Gründe angegeben, die mir die eine Ansicht annehmbarer machten als eine andere.«[25]) beansprucht Darwin, »einige der kompliziertesten Probleme in der Naturgeschichte des Menschen aufklären«[26] zu können. Danach stammt der Mensch, wie die anderen Säugetiere, von derselben Stammform einer weniger hoch organisierten Form ab. Beide unterliegen denselben Vererbungsgesetzen. Neben die natürliche Zuchtwahl tritt die vererbte Wirkung eines

25 AdM, S. 250.
26 Ebd.

»lange andauernden Gebrauchs oder Nichtgebrauchs der Teile«[27] des Körpers und damit *das Verhalten neben den Bau des Organismus.*

Ist dem Menschen so »der gehörige Platz im zoologischen System« angewiesen, »so stellt sich uns der hohe Zustand unserer intellektuellen Fähigkeiten und moralischen Disposition als die größte Schwierigkeit dar«. Nach Analogie des »Unterschieds zwischen den geistigen Fähigkeiten der höheren Affen und eines Fisches, oder zwischen einer Ente und einer Schildlaus«, den Darwin »ungeheuer« nennt, wird für die intellektuelle Entwicklung des Menschen »die halb künstliche und halb instinktive Sprache« in Wechselwirkung zur Vererbung gesetzt. »Denn der beständige Gebrauch der Sprache wird auf das Gehirn zurückgewirkt und eine vererbliche Wirkung hervorgebracht haben; und dies wieder wird der Vervollkommnung der Sprache zugute gekommen sein.«[28]

Schon hier ist bemerkenswert, welches Sprachverständnis Darwin leitet. Er nennt die Sprache eine »wunderbare Maschine, die allen Arten von Dingen und Eigenschaften Zeichen beilegt und Gedankenreihen wachruft, die niemals durch bloße Sinneseindrücke entstehen könnten«, und schließt daran »die höheren intellektuellen Fähigkeiten wie das Schließen, Abstrahieren, das Selbstbewußtsein und so weiter« an.[29] Sprache dient nach Darwin also dem Abbilden oder Beschreiben von Dingen und ihren Eigenschaften, dem sich höhere Sprachformen anschließen.

27 AdM, S. 252.
28 Alle Zitate in diesem Absatz AdM, S. 254f.
29 Ebd.

Doch »der größte Unterschied zwischen ihm [gemeint: der Mensch] und den unter ihm stehenden Tieren« liegt in seinen »moralischen Qualitäten«, deren Entstehung ebenfalls erklärungsbedürftig ist. Darwins Erklärung läuft von »der dauernden und immer gegenwärtigen Natur der sozialen Instinkte« über die »Bewertung der Anerkennung oder des Tadels der Mitmenschen« und der »großen Aktivität der geistigen Fähigkeiten und äußerster Lebendigkeit früherer Eindrücke« bis zur Fähigkeit, nach Überwältigung durch zeitweilige Begierde oder Leidenschaft zu reflektieren und sich zu entschließen, »künftig anders zu handeln – und das ist Gewissen«.[30]

Obgleich Darwin hier von »sozialen Tieren« spricht, entfaltet er eine sehr modern wirkende Handlungstheorie, in der *Lob und Tadel* durch andere im Verhältnis zum Glücksstreben jeden Akteurs letztlich zu einem *»ziemlich festen Maßstab von Recht und Unrecht«* führen. Auch zum Verhältnis von Intellekt und Moral äußert sich Darwin eindeutig: »Die moralischen Fähigkeiten werden gewöhnlich und mit Recht höher geschätzt als die intellektuellen.«[31]

Als der wohl »größte und bedeutsamste Unterschied zwischen dem Menschen und den Tieren« werde von vielen Autoren die Religion sowie der Glaube an Gott und die Unsterblichkeit der Seele angesehen. Hier hält Darwin Distanz. Auf diesem Feld sei eine »Bestimmung bei der allmählich aufsteigenden organischen Stufenleiter [...] unmöglich«. Darwin beendet seine Überlegungen mit dem oben bereits gegebenen Zitat von den edlen (gemeint: moralischen und rechtlichen) »Eigenschaften des Men-

30 AdM, S. 256.
31 AdM, S. 258.

schen, seinem gottähnlichen Verstand und zugleich den immer noch unaustilgbaren Zeugnissen seines niedrigen Ursprungs in seinem Körperbau«. Wie klar wird dadurch, wie Darwin das Verhältnis zwischen Mensch und Tier sieht?

Mensch und Tier bei Darwin: (1) Geistige Fähigkeiten

Klar benannt sind die natürlichen Gleichheiten und die kultürlichen Verschiedenheiten von Mensch und Tier, einerseits. Andererseits verdienen die zwei zentralen Kapitel seines Buches Aufmerksamkeit was die begrifflichen Mittel anbelangt, die Darwin für den Mensch-Tier-Vergleich verwendet. Beide Kapitel überschreibt er mit »Die geistigen Fähigkeiten des Menschen und der Tiere«, unterscheidet sie jedoch dadurch, daß ersteres intellektuelle und letzteres soziale Fähigkeiten behandelt. Orientiert an der erkenntnistheoretischen Frage nach Bedeutung und Geltung der Darwinschen Aussagen ist hier wieder die intellektuelle Seite des Mensch-Tier-Vergleichs von besonderem Interesse. Da von den geistigen Fähigkeiten des Menschen in einer auch heute noch geläufigen Sprache die Rede ist, interessiert hier vor allem: Wie, genauer: In welcher Sprache beschreibt Darwin die Tiere?

Nach dem überzeugenden Hinweis, auch Individuen könnten innerhalb derselben Art in ihren Qualitäten erheblich differieren, kündigt Darwin an: »Ich werde in diesem Kapitel zu zeigen haben, daß in den geistigen Fähigkeiten *kein fundamentaler Unterschied zwischen den Menschen und den höheren Säugetieren* besteht.«[32] Damit äußert sich Darwin in einem Sinne, der auch der heute unter Biologen vorherrschenden Meinung entspricht.

Pragmatisch bekennt Darwin: »Da es keine allgemein aner-

32 AdM, S. 81.

kannte Einteilung der Geisteskräfte gibt, werde ich meine Bemerkungen so anordnen, wie es mir für meinen Zweck am passendsten erscheint; ich werde diejenigen Tatsachen auswählen, die den größten Eindruck auf mich gemacht haben, und ich hoffe, daß sie einige Wirkung auf den Leser ausüben.«[33] Dann beginnt Darwin einen Durchgang von der Gleichheit der »Sinne« bei Mensch und Tier, der Gleichheit »einiger Instinkte« wie »Selbsterhaltungstrieb, Geschlechtsliebe, die Liebe der Mutter zum neugeborenen Kind«, um dann auf die gegenseitige Störung von »freier Intelligenz und Instinkt« hinzuweisen.[34] Er warnt davor, die »Geisteskräfte der höheren Tiere und besonders des Menschen«[35] zu unterschätzen. Einen ersten Unterschied sieht Darwin bei den Geisteskräften darin, daß Menschen eine Arbeit »durch Übung lernen« müssen, während Tiere ihre Fähigkeiten spontan zeigen[36] (Darwin kannte noch nicht die raffinierten Verhaltensexperimente, die heute in Tierlabors angestellt werden).

Dann macht Darwin eine folgenreiche Bemerkung: »Die Tatsache, daß die *Tiere durch dieselben Gemütsbewegungen erregt* werden wie wir, ist so sicher, daß es überflüssig ist, den Leser durch zu viele Einzelheiten zu ermüden.«[37] Als Kandidaten solcher Gemütsbewegungen treten dann auf: Schreck, Argwohn, Furcht, Täuschung, Rache, Liebe, Schmerz, Sympathie, Treue, Scham, Verwunderung, Neugierde und schließlich Aufmerksamkeit, Gedächtnis, Phantasie. Ohne Hemmungen spricht Darwin dabei von der »Seele« eines Tieres, genauer eines Haustieres (nämlich eines Hundes), ohne den Unterschied zu wildlebenden Tieren zu

33 AdM, S. 82.
34 Ebd.
35 AdM, S. 85.
36 Ebd.
37 AdM, S. 86.

erwähnen und damit auch ohne zu bemerken, daß dem Hund durch Lebensgemeinschaft mit ihm, im Unterschied zu wildlebenden Tieren, menschenähnliche Züge zugeschrieben werden. Tiere und Menschen sind also für Darwin hinsichtlich der Gemütsbewegungen nicht zu unterscheiden, gleich ob es sich um wildlebende oder in enger Gemeinschaft mit dem Menschen lebende Tiere handelt.

Mensch und Tier bei Darwin: (2) Soziale Fähigkeiten

Die Auseinanderentwicklung von Mensch und Tier – irgendwie muß es ja zu Unterscheidungsmerkmalen wie der Sprachlichkeit kommen – beginnt bei der Phantasie als einem »der höchsten Vorzüge des Menschen« und sieht schließlich im Verstand »von allen Fähigkeiten des menschlichen Geistes« die höchststehende.[38] Im Wechsel vergleicht Darwin Menschen hochstehender Intelligenz einmal mit Wilden, einmal mit Affen. Dennoch schreibt er auch Tieren Verstand zu[39] und zitiert zustimmend Alexander von Humboldt, der von südamerikanischen Maultiertreibern berichtet, die ihren Tieren mehr oder weniger Verstand zuerkennen: »Dieser populäre Ausdruck [gemeint: ›mehr Verstand‹ eines Maultiers], der sich auf lange Erfahrung stützt, bekämpft vielleicht die Ansicht von den Tieren als belebten Maschinen besser als alle die Argumente einer spekulativen Philosophie«, um sich dann zu entrüsten: »[T]rotzdem leugnen sogar heute noch gewisse Schriftsteller, daß *die höheren Tiere Spuren von Verstand aufweisen*, und sie bemühen sich – wie mir scheint, durch bloße Wortklauberei – alle oben angeführten Tatsachen wegzuerklären.«[40] Das könnte auch

38 AdM, S. 93.
39 AdM, S. 98.
40 Ebd.

ein heutiger Biologe geschrieben haben. Man wird zu überlegen haben, was die Behauptungen zum Verstand der Tiere bedeuten, wie sie begründet werden und wie die ebenso stark formulierten Unterschiede zwischen Menschen- und Tier-Verstand einzuordnen sind.

Man kann aber bereits hier zusammenfassen, daß Darwin *die Tiere im selben Vokabular beschreibt*, das ihm (und uns) *von der Beschreibung der Menschen her vertraut* ist. Woher auch sonst sollte es kommen? Zwar hat jede Alltagssprache auch Wörter, die nicht an menschlichen Fähigkeiten gebildet sind, man denke an ein Wort wie »fliegen«, das sich ursprünglich auf Vögel und Insekten bezog. Und Menschen, die viel mit Tieren umgehen, wie Schäfer, Jäger, Dompteure und dann selbstverständlich alle Menschen, die Haustiere als Partner halten, werden Wörter zur Verfügung haben, die sie nur auf ihre Tiere, nicht aber auf sich selbst oder auf menschliche Zeitgenossen anwenden.

Im Blick auf eine heute mit Nachdruck geführte Diskussion ist darauf hinzuweisen, daß Darwin in diesem Kapitel auch ausführlich *über den Gebrauch und sogar über die Herstellung von Werkzeugen durch Tiere* spricht,[41] ja bereits die These von der *Werkzeugherstellung als allein »dem Menschen absolut eigentümlich« zurückweist* – obwohl sich diese These in aktuellen biologischen Publikationen gelegentlich präsentiert, als beruhe sie auf jüngsten Entdeckungen. Gemeinsam ist freilich den Darwinschen wie den heutigen Äußerungen, daß es zu einer kritischen Nachfrage nicht kommt, was »Werkzeug«, »Werkzeugherstellung« und »Werkzeuggebrauch« heißt – die Begründung der Thesen über Tiere gegenüber Zweifeln spielt also bei beiden keine Rolle; man verläßt sich naiv auf die Alltagssprache. Sie funktioniert ja auch

41 AdM, S. 101 ff.

bestens, wenn unter Menschen über Werkzeuge von und für Menschen gesprochen wird.

Mensch und Tier in Darwins Sprache

Was Darwin unter den Unterüberschriften »Abstraktion, allgemeine Ideen, Selbstbewußtsein, geistige Individualität« und schließlich unter »Sprache« sagt, werden wir hier nicht diskutieren. Ohne Zögern nämlich schreibt Darwin etwa dem Tier Selbstbewußtsein, Gedächtnis, Aufmerksamkeit, Ideenassoziation und Verstand zu und wehrt die Frage, woher man dies wissen könne, durch einen Vergleich mit dem Kind ab: »Wer aber kann sagen, in welchem Alter dies bei unseren Kindern eintritt?«[42] In jedem Falle unterstellt Darwin einfach, daß das ganze Instrumentarium seiner Wörter für geistige und seelische Zustände, für Vorgänge und Leistungen unproblematisch von Menschen auf Tiere übertragen werden kann.

Zwar möchte man modernen radikalen Naturalisierungen des Menschen, wie sie etwa Stuart Pinker in seinem Buch *The Language Instinct* präsentiert,[43] Darwins These entgegensetzen: »Sicher ist die Sprache kein Instinkt, da eine jede Sprache gelernt werden muß.«[44] Auch mancher heutige Vertreter der Analytischen Philosophie des Geistes, der sich am Selbstbewußtsein abarbeitet, könnte von Darwin lernen, welche Rolle das »Ich bin ...«-Sagen für die Ausbildung des Selbstbewußtseins spielt; aber das hieße nur, hier Darwin unbegründet als Autorität auszurufen. Vor aller Zustimmung zu seinen Beobachtungen, die auch der heutige Leser mühelos nachvollziehen kann, kommt immer

42 AdM, S. 105.
43 Stuart Pinker, *Language Instinct*, London 1994.
44 AdM, S. 107.

noch die Frage, worauf sich *die naive Unterstellung der Verständlichkeit* der von ihm benützten Wörter stützt. Was bedeutet es für den *Geltungsanspruch einer wissenschaftlichen Naturgeschichte*, wenn sie sich fraglos auf die jeweilige Alltagssprache als geeignetes Mittel verläßt?

Spricht Darwin im Nachweis der natürlichen Abstammung des Menschen durch Zuchtwahl nicht bei seinen Mensch-Tier-Vergleichen völlig naiv und tatsächlich so, daß er sich selbst oder vielleicht den europäischen gelehrten Gentleman und dessen Weltbild zum Maß aller Tiere nimmt? Ist Darwin der Vater der Sprachvergessenheit unserer heutigen Biologen? Und wenn auch kein Weg daran vorbeiführt, daß jede Wissenschaft, auch jede Naturwissenschaft wegen ihrer tatsächlichen Geltungsansprüche eine Angelegenheit von Menschen für Menschen ist, muß deshalb *eine Naturwissenschaft über Tiere* so reden, wie sich die Menschen einer Zeit und einer Kultur angewöhnt haben, über sich selbst zu reden? Wird nicht der stillschweigende Anspruch aller Naturwissenschaftler, in der Natur und ihren Gesetzen einen menschenunabhängigen Gegenstand gefunden zu haben, konterkariert, ja ins absurde Gegenteil verkehrt, wenn das Tier unter die Menschenform zwangsannektiert wird, oder noch radikaler formuliert: *Ist die Tierbeschreibung in menschlichen Kategorien nicht eine kolossale Selbsttäuschung, die mit einem Taschenspielertrick das Ergebnis der Tierähnlichkeit des Menschen aus der vorgetäuschten Menschenähnlichkeit des Tieres zaubert*?

Um zur Prüfung dieser Fragen mehr Material zu gewinnen, sei jetzt noch ein Blick auf das dritte Hauptwerk Darwins geworfen, weil dort seine Sprache für Mensch-Tier-Vergleiche eine neue Qualität gewinnt.

1.3 Der Ausdruck der Gemütsbewegungen bei den Menschen und den Tieren (1882)

Welche Bedeutung Darwin diesem Werk zuerkannt hatte, zeigen dessen letzte Sätze:

> »Soweit es möglich ist, die Quelle und den Ursprung der verschiedenen Ausdrucksweisen, welche stündlich auf den Gesichtern der Menschen um uns herum zu sehen sind (unsere domestizierten Tiere dabei gar nicht zu erwähnen), verstehen zu lernen, sollte ein großes Interesse für uns besitzen. Aus diesen verschiedenen Gründen können wir schließen, daß die Philosophie unseres Gegenstandes die Aufmerksamkeit, welche sie bereits von mehreren ausgezeichneten Beobachtern erfahren hat, wohl verdient und daß sie besonders seitens jeden fähigen Physiologen noch mehr Aufmerksamkeit verdient.«[45]

Darwins Vermenschlichung des Tieres

Dabei geht es Darwin um jede Art von Ausdrucksbewegungen bei Tieren und Menschen, die bei letzteren mehr noch in bezug auf die Gestik als auf die Mimik die Frage aufwerfen, wie und wozu das menschliche Gesicht evolutionär die Muskeln ausgebildet hat und betätigt und warum und wie sie nervlich gesteuert werden, um die »speziellen Ausdrucksformen beim Menschen« hervorzurufen. Darwin behandelt in acht Kapiteln immerhin 37 solcher Gemütsbewegungen und ihren Ausdruck, unter ihnen die negativen (wie Leiden, Weinen, Kummer, Verzweiflung), die positiven (wie Freude, Ausgelassenheit, Liebe, Andacht), die des Zögerns (wie Überlegung, Nachdenken, Schmollen, Entschlos-

45 AdGMT, S. 405.

senheit), die des Affektes (wie Haß und Zorn), diejenigen, die sich mit Geringschätzung, Verachtung, Stolz, Hilflosigkeit, mimischer Bejahung oder Verneinung gegen andere richten können, die Ausdrucksweisen, die Überraschung, Erstaunen, Entsetzen oder Betroffenheit signalisieren, und schließlich jene, die sich auf das Individuum selbst richten (wie Selbstaufmerksamkeit, Scham, Schüchternheit und Erröten). Wer würde sich heute eine solch selbstverständliche Kompetenz in Aufzählung, Anordnung und Deutung menschlicher Gefühle zutrauen?

Darwin, der mit eben solcher Beharrlichkeit wie Vorsicht ein Leben lang sein Programm verfolgte, hat auch dieses Buch in Fortsetzung seines Ansatzes aus *Die Entstehung der Arten* geschrieben, obwohl er weiterer Bestätigung nicht bedurft hätte: »Wir haben gesehen, daß das Studium der Theorie des Ausdrucks in einem gewissen beschränkten Umfange die Folgerung bestätigt, daß der Mensch von irgendeiner niederen tierischen Form herstammt [...]. [S]oweit aber mein Urteil reicht, bedurfte es kaum einer solchen Bestätigung.«[46]

Modern gesprochen, könnte es anstelle einer Bestätigung aber auch um eine Anwendung und damit um eine Probe auf Fruchtbarkeit des hauptsächlichen Ansatzes gehen. Ist, mit anderen Worten, die Selektionstheorie Darwins geeignet, die Formen des seelischen Ausdrucks beim Menschen nicht nur aktualistisch physiologisch zu erklären, sondern in ihrer Herkunft aus dem Tierreich auf stammesgeschichtliche Anfänge zurückzuführen? Darwin nimmt das für einige dieser Ausdrucksformen an.

Im Kontext dieser Zielsetzung Darwins darf man nicht außer Betracht lassen, wie sehr im 19. Jahrhundert die »Physiognomik« (also die Lehre davon, was die Physis des Menschen, vor allem

46 Ebd.

sein Aussehen, über seinen Charakter zu erkennen gibt) groß in Mode war. Beinahe hätte Darwin selbst seine berühmte Reise auf der Beagle nicht durchführen können, weil der Kapitän des Schiffes ein Anhänger der Physiognomik Lavaters war und entsprechend aus Darwins Gesicht den Schluß zog, er sei für eine längere Seereise ungeeignet. Darwin dazu in seiner Autobiographie:

> »Als ich mit Fitz-Roy [dem Kapitän der Beagle, Anmerkung des Verfassers] eng vertraut wurde, erfuhr ich, daß ich um Haaresbreite zurückgewiesen worden wäre, wegen der Form meiner Nase! Er war ein begeisterter Schüler von Lavater und überzeugt, er könne den Charakter eines Menschen aus dem Umriß seines Gesichts erkennen; er hatte Zweifel, ob jemand mit meiner Nase genug Energie und Willenskraft für die Reise besaß.«[47]

Darwins Erkenntnisquellen

In einer langen Einführung zur ersten Ausgabe seines Buches gewinnt man den Eindruck, Darwin habe die Werke seiner Zeitgenossen insgesamt für orientierungslos gehalten; sei es, daß sie ohne Gründe der Anatomie der Gesichtsmuskeln die dadurch mögliche Mimik als Zweck unterstellten und damit nicht nach den Ursachen fragten, sei es, daß sie nie über die naturgeschichtliche Entwicklung von Gestik und Mimik nachgedacht hatten, sei es, daß ihre Studien zu wenig breit angelegt waren. Darwin selbst jedenfalls schickt seinen ersten drei Kapiteln, die alle drei mit »Allgemeine Prinzipien des Ausdrucks« betitelt sind, eine Aufzählung der Mittel voraus, die er »als die nützlichsten gefunden« habe:
– »An erster Stelle sind Kinder zu beobachten.«

47 AdGMT, S. 11.

– »An zweiter Stelle kam mir der Gedanke, daß man Geisteskranke studieren müsse, da sie Ausbrüchen der stärksten Leidenschaft ausgesetzt sind, ohne sie irgendwie zu kontrollieren.«
– »Drittens galvanisierte Dr. Duchenne [...] bestimmte Muskeln im Gesicht eines alten Mannes [...] und rief dadurch verschiedene Ausdrucksarten hervor, welche in großem Maßstabe fotografiert wurden. Glücklicherweise fiel mir ein, mehrere der besten Tafeln ohne ein Wort der Erklärung mehr als zwanzig gebildeten Personen verschiedenen Alters und beiderlei Geschlechts zu zeigen und diese in jedem einzelnen Falle zu fragen, von welchen Seelenbewegungen oder von welchem Gefühl der alte Mann ihrer Vermutung nach wohl erregt sei.«
– »Viertens hatte ich auch gehofft, von den großen Meistern der Malerei und Bildhauerkunst eine große Hilfe zu erhalten, welche so eingehende Beobachter sind.«
– »Fünftens schien es mir von großer Bedeutung zu sein, zu ermitteln, ob dieselben Weisen des Ausdrucks, dieselben Gebärden bei allen Menschen, Rassen [...] vorkommen.« (Dazu entwikkelt Darwin ein Fragebogen-Verfahren mit 16 Fragen.)
– »Sechstens und letztens habe ich so sorgfältig, als ich nur konnte, dem Ausdrucke mehrerer Leidenschaften bei einigen der gewöhnlichen Haustiere Aufmerksamkeit gewidmet.«[48]

Dieser letzte Punkt wird für unseren Mensch-Tier-Vergleich bei Darwin von besonderem Gewicht sein. Denn Darwin fährt an dieser Stelle fort:

> »Und dies ist, wie ich glaube, von äußerster Bedeutung, natürlich *nicht, um zu entscheiden, inwieweit beim Menschen gewisse Ausdrucksformen für bestimmte Seelenzustände charakteristisch sind*, sondern deshalb, weil es die sicherste Grundlage für eine

48 AdGMT, S. 21f.

> Verallgemeinerung *in betreff der Ursachen oder des Ursprungs der verschiedenen Bewegungen des Ausdrucks* darbietet. Bei der Beobachtung von Tieren sind wir weniger dem ausgesetzt, uns von unserer Einbildungskraft einnehmen zu lassen, und darüber können wir *sicher sein, daß die Ausdrucksart der Tiere nicht konventionell ist.*«[49] (Herv. d. Verf.)

Diese letzte Bemerkung verweist auf das durchgängig erkennbare Bemühen Darwins, die angeborenen von den erworbenen Fähigkeiten zu unterscheiden, wobei letztere wieder unterschieden werden in die durch Wiederholung und Übung vom Organismus selbst gebahnten und die an anderen Individuen beobachteten und erlernten – bis hin zur These, daß Haustiere Ausdrucksbewegungen des Menschen in gewissen Grenzen beobachten und verstehen können.

Ausdrucksbewegungen – natürlich oder kultürlich?

Obgleich das Verhältnis der angeborenen zu den erlernten Verhaltensweisen eines der zentralen Probleme für die heutige Beurteilung des Mensch-Tier-Verhältnisses darstellt und den Kern der gesamten Nature-nurture-Kontroverse zwischen den Vererbungs- und den Milieutheoretikern bildet, ist Darwin auch hier schon als äußerst umsichtiger Autor zu erkennen:

> »Daß die hauptsächlichsten ausdruckgebenden Handlungen, welche der Mensch und die niederen Tiere zeigen, nun angeboren oder vererbt sind – das heißt, daß sie nicht von dem Individuum gelernt worden sind, wird jedermann zugeben. Ein Erlernen oder Nachahmen hat mit mehreren derselben so wenig zu tun, daß sie von den frühesten Tagen der Kindheit an

49 AdGMT, S. 26.

durch das ganze Leben hindurch vollständig außer dem Bereiche der Kontrolle liegen: so zum Beispiel die Erschlaffung der Arterien in der Haut und die erhöhte Herztätigkeit beim Zorn. Wir können Kinder, nur zwei oder drei Jahre alte und selbst blind geborene, vor Scham erröten sehen, und die nackte Kopfhaut kleiner Kinder wird in der Leidenschaft rot. Kinder schreien vor Schmerz unmittelbar nach der Geburt, und dann nehmen ihre Gesichtszüge sämtlich dieselbe Form an wie während späterer Jahre [...]. Es ist indessen merkwürdig, daß einige derselben, welche sicherlich angeboren sind, Übung beim Individuum erfordern, ehe sie in einer vollständigen und vollkommenen Art und Weise ausgeführt werden: so zum Beispiel das Weinen und das Lachen [...]. Wir können hieraus auch die Tatsache verstehen, daß die jungen und alten Individuen weit voneinander verschiedner Rassen, sowohl beim Menschen als bei den Tieren, denselben Seelenzustand durch dieselben Bewegungen ausdrücken.«[50]

Darwin stützt seine Untersuchungen auf drei Prinzipien, die er in den erwähnten ersten drei Kapiteln behandelt, bevor er sich im vierten den »Mitteln des Ausdrucks bei Tieren« zuwendet. Die drei Prinzipien lauten:

1. »Das Prinzip zweckmäßiger assoziierter Gewohnheiten«;[51]
2. »das Prinzip des Gegensatzes«[52] und
3. »das Prinzip, daß Handlungen durch die Konstitution des Nervensystems verursacht werden, von Anfang an unabhängig vom Willen und in einem gewissen Maße unabhängig von Gewohnheit«.[53]

50 AdGMT, S. 391.
51 AdGMT, S. 36.
52 AdGMT, S. 61.
53 AdGMT, S. 75.

Diese Prinzipien, die Darwin auch »Gesetze« nennt, hat er »erst am Schlusse [seiner] Beobachtungen« erlangt, aufgrund der »sowohl bei dem Menschen als bei den niederen Tieren beobachteten Tatsachen«.[54] Er stellt sie seinen Tier- und anschließenden Menschenbeobachtungen voraus, damit jeder Leser für sich selbst beurteilen könne, inwieweit sie »auf die Theorie des vorliegenden Gegenstands Licht werfen«.

Auf eine detaillierte Darstellung und Diskussion dieser Prinzipien brauchen wir hier nicht einzugehen, weil wir weder an den dargestellten Beobachtungen Darwins noch an seiner abstammungstheoretischen Einbettung Zweifel anmelden wollen. Daß bestimmte »komplizierte Handlungen unter gewissen Seelenzuständen von direktem oder indirektem Nutzen sind, um gewisse Empfindungen, Wünsche und so weiter zu erleichtern oder zu befriedigen«, und daß durch Gewöhnung und Assoziation eine »Neigung entstehe, dieselben Bewegungen auch ohne Nutzen auszuführen«, ist prima facie ebenso plausibel wie die Verknüpfung dieser Sachverhalte mit ihren »entgegengesetzten Seelenzuständen und gewohnheitsmäßigen Reaktionen«. Das gilt auch für die Überlegung, daß ein gewisser Automatismus bei starker neuronaler Erregung greift und damit die »direkte Tätigkeit des Nervensystems« eine wichtige Rolle für die Ausdruckbewegungen spielt.

Für diese Prinzipien beziehungsweise Gesetze folgen anschauliche Beispiele von gestischen und mimischen Ausdrucksbewegungen bei Mensch und Tier, wobei weitere Unterscheidungen eingeführt werden wie Reflextätigkeiten, assoziierte Gewohnheiten und viele andere. Darwin spricht hier ohne Umstände, das heißt auch ohne irgendein Bedürfnis zusätzlicher Erläuterung,

54 AdGMT, S. 35.

von Geist und Seele, von Gemütsbewegungen, Seelenzuständen und Empfindungen, und dies ohne Unterschied beim Menschen wie bei Tieren. Erst ab dem vierten Kapitel (»Mittel des Ausdrucks bei Tieren«) befaßt er sich anhand von Lautäußerungen, des Aufrichtens von Haaren, Federn und Hautanhängen sowie des Zurückziehens oder Aufrichtens der Ohren mit Formen von Äußerungen, die nur bei Tieren vorkommen.

Und wieder geht Darwin bruchlos, etwa bei der Lauterzeugung, zum Menschen über und diskutiert die These, die Sprache habe ihren Ursprung in der Musik, die ihrerseits aus dem Einfluß verschiedener Seelenerregungen auf die menschliche Stimme hervorgegangen sei. Darwin bezieht sich dabei auf Herbert Spencer:

> »Er zeigt deutlich, daß die Stimme unter verschiedenen Bedingungen sich bedeutend in der Lautheit und in der Qualität ändert, das heißt in der Resonanz und im Timbre, in der Höhe und den Intervallen [...]. Es ist merkwürdig, wie früh im Leben schon die Modulation der Stimme ausdrucksvoll wird. [...] Mr. Spencer weist ferner nach, daß die Sprache unter Erregung des Gemüts in allen den oben angeführten Beispielen in inniger Beziehung zur Vokalmusik, und folglich auch zur Instrumentalmusik steht.«

Allerdings wendet Darwin ein, diese Erklärung sei zu vage, »als daß sie auf die einzelnen Unterschiede, mit Ausnahme der Lautstärke, zwischen dem gewöhnlichen Sprechen und dem Sprechen in gewissen Gemütserregungen oder dem Singen viel Licht werfen könnte.«[55]

55 AdGMT, S. 100.

Auch im folgenden Kapitel (»Spezielle Ausdrucksformen der Tiere«), in dem Darwin über Hunde, Katzen, Pferde und Affen spricht, scheinen nicht die geringsten Bedenken auf, *Tieren Seelenzustände zuzuschreiben, die keinem Menschen anders bekannt sein können als aus dem Zusammenleben der Menschen selbst.* Damit wird bereits der Aufbau dieses Darwinschen Buches selbst zu einem Argument: Wenn im darauffolgenden sechsten Kapitel (»Spezielle Ausdrucksweisen beim Menschen: Leiden und Weinen«) vom Schreien und Weinen kleiner Kinder bis zum Tränenfluß gesprochen wird, so diskutiert er dies *nach* dem tierischen Ausdrucksverhalten. Obgleich Darwin also in den vorausgegangenen Kapiteln durchweg Gebrauch macht einerseits von menschlichen Gefühlen und Gemütsregungen, andererseits von menschlichen Ausdrucksformen, behandelt er sie erst im Anschluß an die Tiere. Er folgt mit dieser Gliederung der chronologischen Ordnung seiner Abstammungstheorie und der Abfolge vom niederen Tier zum hochentwickelten Menschen. Diese Reihenfolge, gleichsam eine Nacherzählung des natürlichen Geschehens, das sich mangels historischer Beobachtungen am Kriterium des Aufsteigens vom Einfachen zum Komplexen orientieren muß, wirft für das ganze Buch, ja für den gesamten Darwinschen Ansatz in den hier behandelten drei Büchern ein großes Problem auf. Denn der Weg des Erkennens beginnt zwangsläufig immer in der Gegenwart und tastet sich anhand von Beobachtungen und deren Deutung rekonstruierend in die Vergangenheit zurück. Die Richtung, in der Darwin (wie alle Evolutionsbiologen) den Weg seiner Erkenntnis beschreitet, ist also entgegengesetzt der chronologischen Abfolge des rekonstruierten Naturgeschehens. (Vgl. hierzu Kap. 4.2, »Persönlich bei der Evolution dabei gewesen?«)

Aus heutiger wissenschaftstheoretischer Sicht ist dies für jegliche Form der historischen Erkenntnis, also für Natur- und Kulturgeschichtsschreibung unabwendbar und kein Einwand gegen historisches Wissen. Man darf nur nicht die Darstellung des Ergebnisses verwechseln mit dem heuristischen Gang des Erkennens; und man darf den Charakter des historischen Wissens nicht gleichsetzen mit der Form eines Erfahrungswissens, das durch aktuelle Beobachtung in Natur und Labor in den Experimentalwissenschaften gewonnen wird. Anschaulich gesprochen: In der *methodischen Abfolge von Gewinnen und Darstellen von Erkenntnissen* findet sich der Autor einer Naturgeschichte in der gleichen Situation wie der Detektiv im klassischen Kriminalroman.

Dieser kommt nach der Tat an den Ort des Geschehens und hat aus den aktuellen Befunden mit Hilfe seines Wissens den vergangenen und prinzipiell unbeobachtbaren Tathergang zu rekonstruieren. An Wissen ist dabei alles einzusetzen, was verfügbar ist: von der Physik (etwa die Ballistik für die Flugbahn eines Geschosses) über die Chemie (Schmauchspuren, Gift) und die Biologie (DNS-Spuren, Autopsie) bis zur Motivationspsychologie, Kenntnissen des Brauchtums, ja sogar bis hin zu soziologischem und ökonomischem Wissen. Eine Pointe klassischer Kriminalromane liegt darin, daß es gerade dieses Wissen ist, das Tatortfunde allererst zu Indizien für Geschehenes macht, nicht anders etwa als bei archäologischen und paläologischen Funden.

Die aktuelle Kriminalgeschichte lehrt darüber hinaus, daß ein Fortschritt des Kausalwissens auch lange zurückliegende Kriminalfälle aufklären oder ihre Ermittlungsergebnisse korrigieren kann, weil neue kriminaltechnische Verfahren etwa der DNS-Analyse neue Indizien schaffen. Analog müssen in der Naturgeschichtsschreibung etwa durch die neuen gentechnischen Verfahren »Stammbäume« umgeschrieben werden, weil ein erweitertes Kausalwissen bei der Genomanalyse eine Korrektur früher angenommener Abstammungsverhältnisse fordert. Insofern ist ähnlich wie bei Kriminalfällen die Naturgeschichtsschreibung prinzipiell nicht abschließbar, sondern auf den jeweils historisch verfügbaren Kenntnisstand relativiert, mit dem die Rekonstruktion vergangenen Geschehens erfolgt.

Auch für die Untersuchungen Darwins heißt dies, daß die Beschreibung der gegenwärtigen Verhältnisse im menschlichen wie tierischen Ausdrucksverhalten als Ausgangsbasis für eine Rekonstruktion vergangenen Naturgeschehens offenbleibt für neues Wissen, das in diese Rekonstruktion investiert wird. Hierfür sollte jedes ausgewiesene Wissen zur Aufklärung der Naturgeschichte herangezogen werden, statt etwa eine dogmatische Beschränkung auf naturwissenschaftliches Laborwissen oder irgendwelche anderen Verfahren vorzugeben, wie sie durch Fächergrenzen aktueller Wissenschaftsorganisation gezogen werden.

Aus diesem Grund ist zu fragen, ob Darwins bedenkenfreie Gleichsetzung von Mensch und Tier hinsichtlich der Seelenzustände, Gemütsbewegungen, des Ausdrucksverhaltens und anderer Leistungen nicht durch ein heute verfügbares Wissen korrekturbedürftig geworden ist. Und in der Tat zeigt eine Anwendung sprachphilosophischer sowie erkenntnis- und wissenschaftstheoretischer Analysen, daß Darwin trotz seiner bewundernswerten Vorsicht und seiner programmatischen Konsequenz durchgehend einen Aspekt ausspart, ja wohl generell übersehen hat. Dieser Aspekt soll in diesem Buch mit der Unterscheidung von Beschreiben und Zuschreiben berücksichtigt werden. Diese Kritik im folgenden zu entwickeln dient, wie in der Einleitung ausgeführt, nicht einem allgemeinen Bildungsinteresse an einem großen historischen Autor, sondern der Suche nach einem Darwinschen Erbe, das sich in den Kurzschlüssen heutiger Ansätze der Naturalisierung des Menschen fortsetzt.

1.4 Fazit: Was Darwin übersehen hat. Das zweideutige Erbe

Bezogen auf das Verhältnis zwischen (heutigen) Menschen und (heutigen) Tieren sowie dessen naturgeschichtliche Erklärung lassen sich die drei Hauptwerke Darwins deutlich unterscheiden:

(I) *Die Entstehung der Arten* bietet zum Verhältnis von Mensch und Tier keine ausdrückliche Diskussion. Über den Menschen findet sich nur der eine Satz: »Es wird Licht fallen auf den Ursprung des Menschen und seine Geschichte.« Dennoch ist dieses Werk das zentrale Buch über den Menschen, weil es seine Abstammung aus dem Tierreich behauptet und begründet.

Implizit kommt der Mensch darin in drei verschiedenen Rollen vor, was Darwin nicht angesprochen und vermutlich nicht einmal bemerkt hat: *Erstens* als wissenschaftlicher Autor; *zweitens* als Kultivator von Pflanzen und Tieren; und *drittens* als Produkt seiner naturgeschichtlichen Abstammung. Diese drei Rollen bedingen drei verschiedene Verhältnisse zum Tier:

(1) Der Mensch als Naturforscher und Autor erbringt als solcher moralische und kognitive Leistungen und zeigt damit sowie mit der kultürlichen Sprachform seiner Ergebnisse (einschließlich der darin enthaltenen Geltungsansprüche, Normen, Kriterien und kulturhistorisch entstandenen Standards) die größte Verschiedenheit vom Tier; ihm steht unter anderem die Unterscheidung von wahr und falsch zu Gebote.

(2) Der Mensch als Kultivator, der Pflanzen und Tiere züchtet und hältert, greift praktisch in das Naturgeschehen so ein, daß

es mit seinen Mitteln nach seinen Zwecken verändert wird. Das sprachlich begründbare Setzen von Zwecken und Zielen, das rationale Auswählen geeigneter Mittel aufgrund von Wissen und das Beurteilen von Erfolg und Mißerfolg bilden ein Stück menschlicher Praxis, die im Tierreich schon wegen ihrer Sprachgebundenheit nicht vorkommt. Diese Züchtungspraxis dient Darwin als Modell dafür, ein selektives Naturgeschehen als ein Ursache-Wirkungsverhältnis zu verstehen. Denn um die »natürliche« Zuchtwahl zu bestimmen, bedarf es eines Begriffs von Kausalität und seiner Anwendung auf Beobachtungsfunde. Dieser Kausalitätsbegriff ist für Darwin am Beispiel menschlichen Bewirkens durch Züchterhandeln bei Selektion oder Kreuzungen zugänglich: Natürliche Ursachen und Wirkungen werden nach dem Modell des Bewirkens durch Züchtungshandeln verstanden.

Hier, von Darwin nirgends erwähnt und von heutigen Biologen in der Regel mißverstanden, bleibt noch genauer zu klären, worin der Unterschied zwischen einem zweckrationalen Handeln von Menschen und der von Biologen dem Naturgeschehen unterstellten »Zweckmäßigkeit« oder gar »Nützlichkeit« natürlicher Geschehnisse besteht. Das klassische Beispiel bei Darwin wie in den heutigen Diskussionen ist die Herstellung und Verwendung von Werkzeugen. Daran wird exemplarisch zu bewerten sein, ob Zweckrationalität Tieren oder nur Menschen zu Gebot steht.

(3) Nur in der dritten Rolle taucht der Mensch als Abkömmling und insofern auch als Mitglied des Tierreichs auf. In Betrachtung dieser Rolle kann über die ersten beiden nicht mehr gesagt werden, als daß ihre Träger immer noch einige tierische Erblasten haben, was aber andere, spezifisch menschliche Eigenschaften nicht ausschließt.

(II) *Die Abstammung des Menschen* setzt in Form von Schlußfolgerungen das in *Die Entstehung der Arten* begonnene Projekt fort. Das Buch verschärft die Unterscheidung von Mensch und Tier zur Frage nach dem Verhältnis zwischen dem Menschen als (niedere, tierische) Stammform und dem Menschen mit Würde, Recht und Moral sowie mit der Fähigkeit zu wissenschaftlicher Erkenntnis.

Diese Frage lenkt den Blick auf die zwei tragenden Prinzipien der Evolutionsforschung, nämlich das Aktualitäts- und das Kohärenz- (auch: Gradualitäts-)Prinzip. Da Erfahrung durch Beobachtung und Experiment nur als aktuelle möglich ist, während vergangene Geschehnisse prinzipiell und für immer unbeobachtbar blieben, ist eine erfahrungsgestützte Erkenntnis über Vergangenes nur in Form des Erschließens und Rekonstruierens möglich und bedient sich dafür des jeweils besten verfügbaren Kausalwissens.

Naturgeschehen und der qualitative Umschlag vom Tier zum Menschen

Wie ist also, ausgehend von den gegenwärtig zugänglichen Phänomenen, eine auf naturwissenschaftliche Mittel beschränkte, zusammenhängende Naturgeschichte ohne Lücken und Sprünge zu schreiben? Hier eröffnen sich nach heutiger Sicht wenigstens drei verschiedene Wege: (1) Das Verhältnis des Menschen als Naturgegenstand und als Kulturgegenstand mit Würde, Moral und Wissenschaft ist als Problem bereits »aktualistisch«, das heißt, für die jeweils gegenwärtigen Situationen, Individuen und Umstände durch naturwissenschaftliche Kausalerklärungen so zu lösen, daß für die Rekonstruktion des Naturgeschehens *nur noch der natürliche Aspekt übrigbleibt*; oder die aktuelle Differenz der beiden Aspekte des Natürlichen und des Kultürlichen soll (2) selbst als Evolutionsprodukt naturhistorisch erklärt werden. Dann fordert das Kohärenzprinzip, irgendwie und irgendwann *den Umschlag vom Tierischen zum spezifisch Menschlichen* ebenfalls *naturgesetzlich zu erklären*. Und, wo das nicht gelingt, Zuflucht zu einer eigens dafür erfundenen Ausrede zu nehmen und diesen Qualitätssprung unter dem Titel »Emergenz« als offenes Problem vor sich herzuschieben. Dies ist wohl die Problemsicht, der die meisten heutigen Naturwissenschaftler anhängen. Oder man unterscheidet (3) zwei Aspekte, einen natürlichen und einen kultürlichen beziehungsweise einen spezifisch menschlichen und einen spezifisch tierlichen, die sich gegenseitig nicht ausschließen, so daß eine Naturgeschichte des Menschen auch *nur dessen natürlichen, tierischen Aspekt betrifft*, seinen kultürlichen, spezifisch auf den Menschen beschränkten Aspekt jedoch nicht. Domestizierte Tiere (und Pflanzen) sind dafür das beste (und außerdem gut Darwinsche) Analogon: Sie sind einerseits Naturwesen, kämen aber andererseits ohne Züchtungskultur auf der Welt nicht vor.

Ob der historische Darwin dieses Problem und seine heutigen Lösungsvarianten gesehen hat, ist eine delikate Interpretationsfrage eines historischen Textes aus der Hand eines Autors, mit dem man nicht mehr diskutieren kann. Kurz, die Frage ist seriös kaum entscheidbar – und nebenbei ist sie für das systematische Problem des Mensch-Tier-Verhältnisses unwichtig.

Wenn es aber darum geht, das Darwinsche Erbe hinsichtlich der aufgeworfenen Fragen zu identifizieren, muß man wohl festhalten, daß sich auch bei Darwin selbst dazu keine Lösung findet. Seine deutlich hervorgehobene (und von heutigen Naturalisierern deutlich verschiedene) Unterscheidung von Mensch und Tier verträgt sich entweder nicht mit den Prinzipien des Aktualismus und der Kohärenz in der Evolutionsbiologie, oder er ist die Lösungen nach (1) oder (2) schuldig geblieben.

(III) *Der Ausdruck der Gemütsbewegungen bei dem Menschen und dem Tier* fokussiert die Abstammung des Menschen aus dem Tierreich nun auf das Verhalten, genauer auf Gestik und Mimik. Auch hier werden klare Unterschiede zwischen Tieren und Menschen genannt, die sich nicht nur aus körperlichen Unterschieden wie Haar- oder Federkleid oder verschiedenen anatomischen und physiologischen Ausdrucksmöglichkeiten erklären. Aber daß das Repertoire der grundlegenden Gemütsbewegungen und Seelenzustände bei Tier und Mensch weitgehend übereinstimmen, scheint für Darwin ausgemacht. Der Mensch differenziert dann seine Gemütsbewegungen und Seelenzustände in Maßen über die natürlichen hinaus und kommt so auch zu Ausdrucksbewegungen vor allem des Gesichts und des Kopfes, die im Tierreich nicht zu beobachten sind. Daß sie aber ein Thema der Naturgeschichte bleiben, ergibt sich schon aus ihrer angeblich beobachteten Rassen- und Kulturinvarianz.

Das Problem, das Darwin auf diesem Feld hinterlassen hat, ist ein gewaltiges und zeigt sich vor allem an den sprachlichen Mitteln, die Darwin für die Gemütsbewegungen verwendet: Er spricht über diejenigen der Tiere so, wie er seine eigenen versteht. Die Unterscheidungen, die Darwin bei den Gemütsbewegungen und Seelenzuständen macht, sind die ihm aus dem Zusammenleben der Menschen vertrauten. Was der englische Gentleman des 19. Jahrhunderts unter Zeitgenossen erlebt, von den wilden Feuerländern, denen er auf Forschungsreisen begegnet, bis zum geschätzten wissenschaftlichen Kollegen eigener Muttersprache in England, ist das System der Emotionen, Empfindungen usw., die ihren Ausdruck in Mimik und Gestik finden und anatomisch-physiologisch unter naturhistorischer Perspektive erklärt werden.

Damit hat Darwin eine problematische Strategie vorgezeichnet: *Das Tier wird zuerst durch die gewählte Sprache vermenschlicht, damit anschließend der Mensch* in seinen Gemütsbewegungen und seinem Ausdrucksverhalten (zumindest im Kern) *wieder vertierlicht*, also als eines tierischen Erbes teilhaftig beschrieben werden kann. *Hier fehlt Darwin offenkundig die Einsicht in die kulturellen Bedingungen seiner Beschreibungen.* Darwins Bücher sind vor dem *linguistic turn* der Wissenschaften gegen Ende des 19. Jahrhunderts geschrieben und vererben bis heute die Sprachvergessenheit der Biologen. So berücksichtigt Darwin zum Beispiel nicht, daß wir über die Gemütsbewegungen anderer Menschen nur unter gewissen Symmetriebedingungen sprechen können, die eine Übertragung auf Tiere ausschließen, und zwar gerade im Blick auf die Unterschiede von Mensch und Tier, von denen Darwin so ausdrücklich überzeugt ist.

Auch diesen Befund kann man wieder so formulieren, daß Darwin offensichtlich keinen Zugang zu einem Aspektedualismus hatte, der beide Aspekte – das Seelen- und Gemütsleben von Lebewesen mit Recht, Moral, Sprache und Wissenschaft und das metaphorische »Seelen- und Gemütsleben« der Evolutionsprodukte – voneinander trennt und getrennt behandelt.

Als Konsequenz werden die aktuellen Verhältnisse zwischen Mensch und Tier so gedeutet, daß sich die ursprüngliche und bei Darwin auch deutlich gemachte Unterscheidung des Menschen als Natur- und als Kulturwesen relativiert. Der Fehler liegt also nicht darin, daß der Mensch vertierlicht wird durch eine strikt beschränkte Anwendung derjenigen naturwissenschaftlichen Methoden, die tatsächlich und mit richtigen Ergebnissen auf Menschen und Tiere in gleicher Weise angewandt werden können.

Der Fehler liegt vielmehr darin, daß Tiere vermenschlicht werden, indem ihnen Kulturleistungen, die tatsächlich auf den Menschen beschränkt sind, zumindest teilweise zugeschrieben werden. So paradox es klingt, *nicht die Naturalisierung des Menschen* ist hier das primäre Problem, sondern primär *die Kulturalisierung des Tieres*, die erst die Bedingungen schaffen soll, den Menschen zu naturalisieren; da dieses Geschäft heute durch Naturalisten betrieben wird, kann man also paradox von der *naturalistischen Verkürzung des Tieres* sprechen. Das Tier wird als Naturgegenstand gerade nicht ernst genommen, sondern – wie über Darwin berichtet wird[56] – in menschliche Kleider gesteckt und wie im Fernsehfilm zum albernen Vorturnen gezwungen.[57]

Dies ist die Richtung, die Darwin vorgegeben hat. Er verwendet ohne Bedenken eine Sprache, die ihm im Alltag wie seinen Zeitgenossen und uns heute selbstverständlich verfügbar ist. Das Wort »selbstverständlich« ist hier wörtlich zu nehmen. Wir verstehen uns selbst in den Beschreibungen, die Darwin von den Gemütsbewegungen, den Seelenzuständen, den Ausdruckshandlungen und anderen Leistungen des Erkennens und der Moral gibt. Es ist aber mehr als zweifelhaft, ob wir uns dabei gegenseitig in der Haltung des auf Objektivität achtenden, distanzierten Naturforschers *beschreiben* oder ob wir vielmehr nicht als Betroffene gerade auf distanzierte Beobachtung verzichten und uns in Kommunikation und Kooperation unter Gleichen Seelenzustände, Gemütsbewegungen, Erkenntnisse usw. *zuschreiben.*

Eine ausdrückliche Klärung und Definition des Unterschiedes zwischen beschreiben und zuschreiben wird in Kapitel 3 gegeben. Hier ist vorwegzunehmen, daß die Rede von Kooperation und

56 Etwa in der Darwin-Serie der *Frankfurter Allgemeinen Zeitung*.

57 Man denke an die Fernsehserie »Unser Charly« mit einem Schimpansen in Menschenkleidern.

Kommunikation auf Symmetriebedingungen gleicher Rechte und gleicher Pflichten abhebt, die unter den kooperierenden und kommunizierenden Menschen zumindest als Forderung und als Hintergrundunterstellung vorhanden sind. Hier sei noch einmal an den in der Einleitung explizierten Grundkonflikt zwischen zwei Aufklärungen erinnert, wonach die Entmythisierung des Menschen durch theoretische Aufklärung seiner Abstammung aus dem Tierreich konfligiert mit der Entmythisierung der Natur durch ethische Aufklärung, wonach nur der Mensch, nicht aber die Natur absichtsvoll handelt und damit für die eigenen Handlungen verantwortlich gemacht werden kann.

Darwins Dilemma

Dieser Konflikt bricht bei Darwin deshalb nicht auf, weil er ihn in *Die Entstehung der Arten* einfach übergeht, in *Die Abstammung des Menschen* zwar aufspannt, aber nicht löst, und in *Der Ausdruck der Gemütsbewegungen bei dem Menschen und den Tieren* durch Anthropomorphisierung der Tiere verdeckt. Tatsächlich verwendet Darwin die Unterscheidungen, die er aus der kultürlichen Praxis der Menschen kennt, *metaphorisch* für Tiere und ihre Leistungen, ohne diesen metaphorischen Charakter zu bemerken. Daß es sich um Metaphern und nicht um nicht-metaphorische Rede handelt, liegt an der prinzipiellen Asymmetrie zwischen Tieren und Menschen. Wir machen Tiere nicht im selben Sinne verantwortlich, wie wir andere Menschen verantwortlich machen; wir können mit ihnen nicht unter Symmetriebedingungen kooperieren und kommunizieren, wie wir dies mit anderen Menschen nach der Maxime »gleiche Rechte, gleiche Pflichten« können.

Kurz, Darwin hat sich von seinem naturhistorischen, evolutionsbiologischen Programm verführen lassen, den von ihm klar benannten und begründeten Unterschied zwischen Mensch und Tier im Sinne seiner eigenen Theorie nicht ernst zu nehmen, sondern durch sprachliche Großzügigkeit zu verschleiern. *Damit ist Darwins großes Werk durchgehend zweideutig*: Es unterscheidet nicht zwischen direkter und metaphorischer Darstellung von Leistungen bei Menschen und Tieren; und genau im selben Sinne ist *auch seine Verwendung des Wortes »Mensch« zweideutig*, nämlich einmal für die gemeinsame, natürliche, niedere Stammform aller aktuell lebenden Menschen und einmal für den Kulturmenschen mit Würde, Recht und Moral sowie Wissenschaft, wie er dies für sich persönlich in Anspruch nehmen würde. Der großartige und immer nachdenkliche Naturforscher Charles Darwin ist damit auch zum Erblasser der vorherrschenden Sprachvergessenheit einer ganzen biologischen Tradition einschließlich der heutigen Lebenswissenschaften und deren Menschenbild geworden.

2 Dogmatische Ansätze: Die Naturalisierung des Menschen

Das folgende Kapitel dient der Unterscheidung und Klärung zweier Strategien, die als »Vertierlichung des Menschen« und als »Vermenschlichung des Tieres« bezeichnet wurden. Damit soll einerseits gezeigt werden, welche Naturwissenschaften vom Menschen ein sinnvolles, gerechtfertigtes Programm verfolgen und historisch zu wichtigen Ergebnissen gekommen sind und welche Strategie dagegen wissenschaftlich nicht gedeckt, sondern einem emotional gefärbten, dogmatischen Naturalismus zuzurechnen ist. Dabei wird sich zeigen, daß die Unterscheidung einer wissenschaftlichen von einer unwissenschaftlichen Strategie nichts mit dem häufig bemühten »Grabenkampf«[1] zwischen Natur- und Geisteswissenschaften oder zwischen Philosophie und Empirie zu tun hat. Denn abgesehen davon, daß selbstverständlich nicht alle Naturwissenschaftler oder Empiriker dogmatisch und nicht alle Geisteswissenschaftler oder Philosophen undogmatisch sind, sollte man sich jenseits der professionsspezifischen Vorurteile die einzelnen Ansätze genauer ansehen.

Für diese Klärung werden einerseits aktuelle *Tendenzen der Primaten- und der Verhaltensforschung an Tieren* kritisch betrachtet, andererseits eine sich den Naturalisierungstendenzen des Menschen dogmatisch anschließende *Tierphilosophie* diskutiert. Letztere belegt ihren dogmatischen Charakter nicht zuletzt mit ihren Thesen zur *Sonderstellung des Menschen innerhalb eines naturalisierten Menschenbildes.*

Wenn dadurch das Weiterleben des Darwinschen Erbes in sei-

1 Vgl. Volker Sommer, *Darwinisch Denken. Horizonte der Evolutionsbiologie*, 2. Auflage, Stuttgart 2008, S. 30.

nem fragwürdigen, zweideutigen Charakter aufgewiesen ist, läßt sich anschließend der Grundkonflikt zwischen theoretischer und ethischer Aufklärung durch Beheben des Fehlers lösen, der, oberflächlich betrachtet, nur ein sprachliches Mißverständnis ist, tatsächlich aber auf einem Kategorienfehler beruht.

2.1 Zwei Strategien: Vertierlichung des Menschen und Vermenschlichung des Tieres

Der Evolutionsbiologe Volker Sommer, der einen Lehrstuhl für »Evolutionäre Anthropologie« innehat, unterscheidet in seinem Buch *Darwinisch denken. Horizonte der Evolutionsbiologie* (2001) eine Vermenschlichung (»Anthropomorphisierung«) der Tiere von einer Vertierlichung (»Zoomorphisierung«) der Menschen.[2] Dabei versteht er, nebenbei vor Grenzüberschreitungen warnend und Augenmaß fordernd, unter Vermenschlichung »unserer tierlichen Verwandten« eine »Komplexierung«, der eine »zu selten versuchte Simplifizierung unserer eigenen Art« gegenüberstehe. Einfacher gesagt: Der Anhebung von Tieren auf das Leistungsniveau von Menschen steht das »zu selten versuchte« Herabstufen des Menschen auf das Leistungsniveau der Tiere gegenüber. Ersteres, so der Biologe, »sollte jedenfalls durch das Bestreben (nach Vertierlichung des Menschen) ergänzt werden«. Die Anthropomorphisierung des Tieres scheint ihm also nicht nur kein Problem zu sein, sondern sie ist – so in seinen Arbeiten – biologisch geradezu selbstverständlich. Man wüßte gern, mit welcher Begründung solche Einschätzungen geäußert und solche Empfehlungen gegeben werden.

2 Ebd., S. 32.

Dazu findet sich nur eine Andeutung in den »Vorbemerkungen« zu diesem Buch, »denn die vorliegenden Essays reflektieren zugleich jene persönliche Entwicklung, die für Verhaltensforscher unserer Tage so typisch geworden ist: die vom akademischen Tierbeobachter zum engagierten Naturschützer«.[3] Hier wird also explizit eine Ablösung der wissenschaftlichen Distanz in der Naturforschung durch ein persönliches Engagement in der politischen Praxis propagiert, verbunden mit der Unterstellung, es komme nur auf das nötige Maß an naturwissenschaftlichem Wissen an, um sich für Tiere einzusetzen und dabei zwangsläufig dort »verwandtschaftliche« Betroffenheit zu zeigen, wo vorher distanzierte Beobachtung und Beschreibung war.

Es ist jedoch ein Mißverständnis, die »Vertierlichung des Menschen« und die »Vermenschlichung des Tieres« als zwei gegenläufige Tendenzen oder komplementäre Richtungen ein und desselben Programms zu verstehen. Dieses Mißverständnis ist eine Folge mangelnder begrifflicher Disziplin und methodologischer Explikation. Vor allem aber ignoriert es die Wissenschaftlichkeit der Biologie, genauer die Gründe, die wissenschaftlichen Aussagen Verständlichkeit und Geltung sichern; obwohl Wissenschaftlichkeit für die eigenen Äußerungen zu beanspruchen auch einem »Evolutionären Anthropologen« selbstverständlich ist.

Hier sollen jetzt die beiden Programme analysiert, begrifflich expliziert und dann beurteilt werden.

3 Ebd., S. 6.

2.2 Die »Vertierlichung« des Menschen durch naturwissenschaftliche Methoden

Beide Wörter, Vertierlichung wie Vermenschlichung, sind jüngere Kunstwörter, die (nicht anders als ihre griechischen Pendants) reichlich unklar in ihrer Verwendung sind und in besseres Deutsch am ehesten zu übersetzen wären mit »den Menschen als Tier betrachten« beziehungsweise »den Menschen betrachten, insofern er gleiche Eigenschaften wie das Tier zeigt«. Soll keine unbegründete Vorentscheidung für das eine oder andere Programm getroffen werden, muß analog die Vermenschlichung von Tieren ersetzt werden durch »das Tier als Menschen betrachten« beziehungsweise »das Tier betrachten, insofern es gleiche Eigenschaften wie der Mensch zeigt«.

Aber was bedeutet »etwas als etwas betrachten« bzw. das Wörtchen »insofern«? Die Sprachphilosophie bietet als Antwort an, daß es sich hierbei um eine (logische!) Abstraktion durch Invariantenbildung handelt.

Leider nützt dieser Hinweis in der Diskussion mit Naturwissenschaftlern wenig, weil diese nur in Ausnahmefällen für eine sorgfältige Auseinandersetzung mit dem eigenen Reden zu gewinnen sind und schon gar nicht annehmen, es könne auf diesem Feld wissenschaftliche, berücksichtigungswerte Ergebnisse geben. Dabei wäre es durchaus hilfreich, die in der Debatte recht häufigen Redewendungen »ich als Biologe ...« bzw. »Sie als Philosoph ...« näher anzusehen. Denn auch diese sind Abstraktionen, aber nicht in dem laienhaften Sinn, daß da (lateinisch) etwas »abstrahiert«, also (deutsch) etwas »abgezogen« wird – so, als könnte man von einer Tanne, einer Birke und einer Kokospalme irgend etwas abziehen, um dadurch den Baum oder den Begriff »Baum« zu gewinnen. Vielmehr besteht die (logische) Abstraktion darin, invariant bezüglich entscheidender Gemeinsamkeiten zu sprechen. Dazu ein Beispiel:

Zahlen werden aus Zahlwörtern oder aus Ziffern durch invariantes Reden bezüglich Zählgleichheit gewonnen. Wenn ein Kind schon gelernt hat, die Reihe der Zahlwörter von »eins« bis »zehn« in der richtigen Reihenfolge herzusagen, aber nicht abzählen kann, wie viele Finger eine Hand ohne den Daumen hat, kann es noch nicht »zählen«. Ihm fehlt das Verständnis des Zählens, das in der Zuordnung je eines Zahlwortes zu je einem der Finger liegt. Hat es aber das Schema dieser Zuordnung verstanden, kann es genausogut auch mit englischen oder italienischen Zahlwörtern zählen. »Die Reihen der Zahlwörter sind invariant bezüglich Zählgleichheit« heißt also, daß eine deutschsprachige Zahlwortreihe ohne Änderung der Wahrheit oder Falschheit einer Aussage wie »dies sind vier Finger« durch die englische ersetzt werden kann. Entsprechendes gilt für Zählzeichen (Ziffern): Ziffernblätter von Uhren zeigen keine Zahlen, sondern Ziffern, wie ihr Name richtig sagt. Es kommt aber nicht darauf an, ob dies römische, arabische oder irgendwelche Phantasieziffern sind, weil diese – bei Beachtung der Zählgleichheit ohne Schaden – durcheinander ersetzt werden dürfen.

Wer also »als Biologe« oder »als Philosoph« spricht, tut dies auch »invariant« bezüglich einer Äquivalenz aller Biologen oder aller Philosophen. Er bezieht sich damit auf einen Kanon von Merkmalen oder Standards, etwa in Form jeweils unter Biologen oder Philosophen anerkannter Methoden. Bezüglich dieser Anerkennung darf dann ein Biologe durch jeden anderen beziehungsweise ein Philosoph durch jeden anderen ersetzt werden. Das ist jedenfalls die Absicht des Sprechers, der die Formulierungen »ich *als Biologe/als Philosoph*« verwendet.

Diese Erläuterung mag genügen, um die Vertierlichung von

Menschen bzw. die Vermenschlichung von Tieren als Zugriff auf bestimmte, als anerkannt unterstellte Methoden auszuweisen. Die Gleichbehandlung von Mensch und Tier heißt dann ganz undramatisch zunächst nichts anderes, als *dieselben wissenschaftlichen Methoden auf beide anzuwenden.* Die beiden Strategien unterscheiden mit den entgegengesetzten Richtungen dann nur noch, mit welchen Methoden dieses Geschäft *begonnen* wird, anders gesagt, wovon man »ausgeht«, wenn man Methoden von Menschen auf Tiere bzw. von Tieren auf Menschen überträgt.

Leider ist auch das Wort »anwenden«, so harmlos es im Alltag scheinen mag, in bezug auf wissenschaftliche Methoden weniger harmlos. Auch dies soll hier sprachlogisch erklärt werden, weil nämlich auch die Behauptungen über den Werkzeuggebrauch von Tieren eine »Anwendung« von Wörtern für Menschen auf Tiere sind.

Im Alltag sprechen wir von »anwenden«, wenn wir etwas als Mittel für einen Zweck auswählen. Aufmerksamkeit und damit sprachliche Beschreibung erfährt diese »Anwendung« meistens erst, wenn sie unüblich ist. Wer zum Beispiel Kondensmilch aus einer Konservendose gießen möchte, aber keinen Dosenöffner hat, kann auch mit einem Schraubenzieher zwei Löcher in die Dose einstechen und die Milch ausgießen. Er »wendet« dabei einen Schraubenzieher als Dosenöffner »an«. In der Medizin und der Pharmakologie tritt diese Situation immer wieder auf und ist manchmal mit erheblichem Innovationspotential verbunden. Zum Beispiel ist Acetylsalicylsäure (ASS) als ein probates Schmerzmittel bekannt, wird aber wegen seiner blutverdünnenden Wirkung auch als Infarktprophylaktikum oder zur Therapie von Tinnitus »angewendet«. Damit heißt »anwenden«, ein für einen bestimmten Zweck probates und vertrautes Mittel auf einen neuen oder anderen Zweck zu übertragen. Etwas wird so von einem zu einem anderen Mittel, kurz, es wird *zum neuen Mittel für einen neuen Zweck umgedeutet*. Diese Umdeutung von Mitteln bezüglich ihrer Zwecke deckt auch die Anwendung bestimmter wissenschaftlicher Verfahren auf Menschen und Tiere ab:

Der Mensch als materieller Körper

Gehen wir der Einfachheit halber noch einmal von der groben aristotelischen Einteilung des Seienden in Steine, Pflanzen, Tiere und Menschen aus. Für Steine und, allgemeiner, für alle unbelebten Dinge, seien sie natürlich oder künstlich, haben Handwerker, Techniker und Naturwissenschaftler eine Fülle bewährter Verfahren entwickelt. Wir können sie auf eine Waage legen, ihr Volumen bestimmen, ihre Dichte berechnen, ihre Temperatur messen, ihre Trägheit, elektrische Leitfähigkeit, spezifische Wärme, chemische Zusammensetzung und so weiter ermitteln. Die herkömmliche Klassische Physik einschließlich der Thermodynamik sowie die gesamte Anorganische Chemie mit ihren Verfahren und der ganzen Bandbreite ihrer technischen Anwendungen kommen dafür in Betracht.

Dasselbe, von der Wägung bis zur chemischen Analyse, kann man auch mit Pflanzen, Tieren und Menschen machen. Das heißt, diese ursprünglich für andere Gegenstandsbereiche entwickelten Methoden werden auf sie »angewendet«. Die zunächst paradox anmutende Formulierung, eine Pflanze, ein Tier oder einen Menschen als »Stein« bzw. *als* unbelebten Körper oder *als bloße Materie* zu *betrachten*, löst sich trivial auf in »wie einen Stein behandeln«, das heißt, dieselben Methoden auf ihn anzuwenden wie auf Steine. Das Übertragen von Methoden (Verfahren) auf Objekte, für die sie zunächst nicht erfunden und praktiziert wurden, und die damit verbundenen Umdeutungen der Methoden als neue Mittel für neue Zwecke sind in den (Natur-)Wissenschaften wie im täglichen Leben vertraute und erfolgreiche Vorgehensweisen.

Selbstverständlich weiß auch jeder Laie, wozu es in welchen Situationen gut sein kann, daß Menschen gewogen werden, daß ihre Temperatur gemessen wird, ihre Größe usw. Es hat eben seine eigenen Zwecke und Folgen, den Menschen als stoffliches Ding mit den Mitteln der Physik und der Chemie zu untersuchen. Deshalb würde aber wohl niemand von einer »Versteinlichung« des Menschen sprechen. Das Wort »Vertierlichung« erweist sich damit ebenso wie »Versteinlichung« als sprachlicher Mißgriff, der wegen der wörtlichen Bedeutung »zum Tier machen/erklären« in die Irre führt. Wir werden deshalb das Wort nur noch in distanzierenden Redezeichen (»Vertierlichung«) verwenden.

Es braucht nicht detailliert ausgeführt zu werden, daß ein solcher Vergleich des Menschen auch mit Pflanzen möglich ist, mit denen er den Stoffwechsel, das Wachsen, in manchen Aspekten die Fortpflanzung und das Sterben gemeinsam hat. Deshalb werden Pflanzen als Lebewesen bezeichnet, wenn ihnen auch etwas abgeht, das erst bei den Tieren auftritt, etwa die Selbstbewegung, die Nahrungssuche, Sinnesorgane und anderes mehr.

Damit sollte ausreichend bestimmt sein, daß unter *»Vertierlichung« des Menschen* im Sinne der Formulierungen »den Menschen als Tier betrachten« oder »den Menschen betrachten, insofern er gleiche Eigenschaften wie das Tier zeigt« *die Anwendung gleicher Methoden verstanden wird.* Dies ist ein historisch gewachsenes, in Physiologie und Medizin, teilweise auch in der Psychologie und in anderen Wissenschaften höchst erfolgreiches und sinnvolles Vorgehen. *Irgendeine Abstufung oder Herabsetzung des*

Menschen auf das Niveau des Tieres, der Pflanze oder des Steins (der Materie) ist damit nicht verbunden.[4]

Verbunden ist damit allerdings die immer neu zu beantwortende Frage, *welche Methoden sinnvoll*, das heißt für bestimmte Zwecke erfolgreich auf den Menschen angewendet werden können oder sollen. Diese Frage soll an einem anderen Beispiel veranschaulicht werden: Physikalische und chemische Verfahren lassen sich auch auf Kunstwerke anwenden. Man kann ein Gemälde von Rembrandt oder eine Partitur von Bach auf die Waage legen, mit Ultraschall untersuchen, chemisch analysieren usw. Für bestimmte Zwecke sind solche Untersuchungen höchst sinnvoll und erfolgreich, etwa bei der Unterscheidung von Original und Fälschung. Aber niemand, der bei Verstand ist, wird von der Anwendung dieser Verfahren ein ästhetisches Urteil oder eine Stilanalyse im Sinne der Kunstwissenschaft oder der Musiktheo-

4 Die Empfehlung von Volker Sommer, die »zu selten versuchte Zoomorphisierung« des Menschen anzugehen, unterstellt eine Ablehnung durch potentielle wissenschaftliche Gegner – zu Unrecht, wie sich aus einer Analyse der Vertierlichung ergeben hat. Hier zeigt sich die bekannte Grundstruktur weltanschaulicher Auseinandersetzungen, nämlich daß falsche Unterstellungen oft von mangelndem Wissen über die Gegenpartei herrühren. Die Anwendung naturwissenschaftlicher Methoden, die sich bei leblosen Körpern, Pflanzen oder Tieren bewährt haben, kann bei Menschen sinnvoll und erfolgreich sein. Niemand bestreitet das. Abwegig, weil biologisch wie philosophisch falsch, ist es dagegen, wenn Sommer auf einem Philosophen-Kongreß (der Bamberger Hegelwoche) als »Gleichstellungsbeauftragter« für Affen die versammelten Menschen (Darwin: mit Würde, Gewissen und Wissenschaft) als »Liebe Mitprimaten« anspricht und bekennt: »Ich bin gerne ein Menschenaffe und weiß mich unter Schimpansen in bester Gesellschaft.« (*Frankfurter Allgemeine Zeitung*, 8. Juli 2009, S. N3). Das Gefühl, sich in guter Gesellschaft zu befinden, mag damit zusammenhängen, daß Schimpansen nicht die Fähigkeit zugeschrieben wird, zwischen wahr und falsch zu unterscheiden. Ernst zu nehmen sind solche Einlassungen erst, wenn Volker Sommer seine Kinder einem Schimpansen zur Erziehung überläßt.

rie erwarten. Noch nicht einmal das, was das Gemälde darstellt, wird sich aus der naturwissenschaftlichen Beschreibung ergeben.

Analog heißt dies für den Menschen, daß sich seine Beschreibung, physikalisch und chemisch als Körper, biologisch als lebendes System oder psychologisch als Tier immer im Blick auf die angewandten Methoden beurteilen läßt danach, *welche Umdeutungen von Mitteln für neue Zwecke sinnvoll* sind und welche nicht. Dies kann jeweils nur im Einzelfall entschieden werden. Säuglinge werden sinnvollerweise auf die Babywaage gelegt, um während der ersten Lebenswochen die normale körperliche Entwicklung zu kontrollieren; aber für die Kontrolle der geistigen Entfaltung des Kindes gibt die Waage wenig her. Deshalb sei jetzt das andere Programm, »die Vermenschlichung von Tieren«, diskutiert:

Die Ähnlichkeit von Mensch und Tier im Alltagsleben

Spezifisch für Menschen entwickelte wissenschaftliche Verfahren können sich auf Praxen beziehen, in denen zum Beispiel Kindern Sprechen, Schreiben, Rechnen, Klavierspielen, Schwimmen, Skifahren und später vielleicht Segelfliegen, Autofahren, Aufsätze schreiben, einen Chor leiten usw. beigebracht wird. Bevor ihre Übertragbarkeit auf Tiere geprüft wird, ist ein Blick auf den Alltag zu werfen. Das kleine Kind, das gelernt hat, Wörter für Organe bzw. Körperteile wie Augen, Nase, Mund, Ohren oder Kopf, Hände, Arme, Beine, Füße, Knie usw. zu verwenden, wird sie ohne Probleme auf Haustiere wie Hund oder Katze übertragen, sie also auf Tiere »anwenden«, bei Knie zum Beispiel wahrscheinlich anatomisch falsch. Anders liegen die Dinge bei einem Vogel: Die Wörter Schnabel und Flügel können nicht vom Menschen übernommen werden, sondern müssen eigens neu gelernt werden.

Bei Tätigkeiten und Leistungen wird etwas Analoges geschehen: Hat das Kind Wörter wie Hören, Sehen, Schmecken oder wie Gehen, Schlafen, Schreien gelernt und dabei ohne besondere Schwierigkeiten deren Gebrauch für andere Familienmitglieder wie für sich selbst eingeübt, wird auch eine Übertragung auf Tiere mühelos und unbewußt stattfinden. Hier gibt es die alltägliche, im Umgang mit Tieren eingeübte Menschenähnlichkeit. Das Kind wird aber beim Tauchen feststellen, daß es nicht wie ein Fisch unter Wasser bleiben kann, weil ihm die Luft ausgeht. Auch eine Bewertungshierarchie, die vom Streicheln des Hundes und der Katze über das Füttern des Wellensittichs oder der Fische bis zum Verjagen oder Erschlagen von Fliegen und Mücken reicht, wird praktisch eingeübt. Kurz, der Alltagsverstand und der alltägliche praktische Umgang mit Tieren im Haus führen zu vielerlei praktischer Vermenschlichung von Tieren ebenso wie zu klaren Abgrenzungen.

Vom alltäglichen zum wissenschaftlichen Mensch-Tier-Verhältnis

Die große Krux der Debatte um die Naturalisierung des Menschen durch die Vermenschlichung von Tieren liegt aber darin, daß die alltäglichen, praktisch eingeübten und intuitiv beherrschten Gleichsetzungen und Abgrenzungen etwas prinzipiell anderes sind als naturwissenschaftliche Aussagen und die Methoden, auf die sie sich stützen. Wissenschaftlich dürfen diese nur heißen, wenn sie im Unterschied zum Alltagsleben die Bedingungen der Nachvollziehbarkeit und Überprüfbarkeit durch sprachliche Darstellung erfüllen. Diese Bedingungen bleiben nicht den Zufälligkeiten und der praktischen Bewährung in häuslich singulären Situationen überlassen, sondern müssen *prinzipiell für jeden* erfüllbar sein, der sie erfüllen möchte und bereit ist, sich entsprechenden Bemühungen des Lernens und Studierens zu unterwerfen.

Ebenso muß die *Geltung von Aussagen* unabhängig von ihrem Urheber *kontrollierbar* sein. Die Wissenschaften, vor allem die technisch gestützten Naturwissenschaften haben mit Erfolg gerade dafür eigene Verfahren entwickelt, um personenunabhängige und situationsinvariante Ergebnisse zu erzielen. Beobachtungsdaten dürfen also zum Beispiel weder von der Person des Experimentators noch von der Verwendung einer bestimmten, singulären Waage oder Uhr abhängen. Ein Ergebnis muß sich prinzipiell von allen Personen mit allen Waagen und Uhren überprüfen lassen. Wenn deshalb manche Biologen etwa beim Werkzeuggebrauch einfach Alltagssprache sprechen und glauben, damit sei ein geeignetes Mittel zur Beschreibung tierlicher, menschenähnlicher Leistungen gefunden, verspielen sie ihren wissenschaftlichen Geltungsanspruch.

2.3 Vermenschlichung von Tieren durch Naturwissenschaft?

Gibt es nun Verfahren und Ergebnisse, die spezifisch für Menschen entwickelt wurden und die unter dem programmatischen Motto »Vermenschlicht die Tiere!« auf letztere angewendet werden können? »Können« bedeutet, wie das Wägen, Vermessen oder chemische Analysieren von Kunstwerken lehrt, nicht die schiere Möglichkeit der Durchführung, sondern die *sinnvolle, mit geeigneten Mitteln auf bestimmbare Zwecke gerichtete Anwendung*. Diesen Sinn ausdrücklich anzugeben, das heißt im Zweifel, für eine Methode ihre Anwendung als sinnvoll auszuweisen, indem die betreffenden Zwecke genannt und gerechtfertigt sowie die dafür gewählten Methoden als geeignete Mittel ausgewiesen werden, wird dann natürlich im Konfliktfall eines wissenschaftlichen oder philosophischen Streits das zentrale Problem bilden. Welchen Zweck verfolgt der biologische Tiervermenschlicher? Und sind seine Methoden für seine Zwecke geeignet?

Nachdem also die »Vertierlichung« des Menschen im erläuterten Sinne nicht nur kein Problem darstellt, sondern für die gesamte Biologie einschließlich der Naturgeschichtsschreibung als höchst sinnvolles und fruchtbares Vorgehen ausgewiesen ist, soll für das Programm der Vermenschlichung der Tiere, das schon bei der Lektüre der Darwinschen Texte als problematisch erkennbar war, im folgenden an einem konkreten Beispiel diskutiert werden, nämlich der Werkzeugherstellung und -verwendung.

Werkzeugherstellung und -verwendung

Die Berichte, die die Primatologin Jane Goodall ab 1960 über Herstellung und Gebrauch von Werkzeugen durch Schimpansen im afrikanischen Gombe-Nationalpark vorlegte, sollen den englischen Anthropologen Louis Leakey (neben seinen eigenen Beobachtungen) zu einem berühmt gewordenen Telegramm veranlaßt haben: »Jetzt müssen wir entweder ›Mensch‹ neu definieren oder ›Werkzeug‹ neu definieren oder Schimpansen als Menschen akzeptieren.«[5] So entsteht in der Wissenschaftsgeschichte ein *topos*, der gern zitiert wird und kritische Nachfragen verhindert.[6]

5 Zitiert nach Markus Wild, *Tierphilosophie zur Einführung*, Hamburg 2008, S. 19.

6 Vgl. Peter Janich, »Zum Beispiel Werkzeuggebrauch. Die naturalistische Verkürzung des Tieres«, in: *Evolution in Natur und Kultur*, herausgegeben von Volker Gerhardt und Julian Nida-Rümelin, Berlin/Heidelberg/New York 2010, S. 59-75.

Entsprechend der hier zu klärenden Frage, ob *die aus menschlicher Praxis vertraute Rede über Werkzeuge* sich auf Tiere *anwenden* läßt, sollen die beiden anderen Optionen Leakeys unbeachtet bleiben. Das heißt, wie sind »Werkzeuge« »neu zu definieren«, ohne daß man dabei nur den unbefriedigenden Trick anwendet, aus einer empirischen Frage (»Können Tiere Werkzeuge herstellen/verwenden?«) eine beliebige Setzung durch Definition zu machen?

Die *Alltagssprache* für den Gebrauch von Werkzeugen durch Menschen ist klar. »Werkzeug« ist ein exemplarisch, das heißt an Beispielen und Gegenbeispielen erlern- und bestimmbarer, einstelliger Prädikator, nicht anders als die Prädikatoren Zange, Hammer, Säge, Hobel usw. Als Prädikatorenregel, das heißt als Vorschrift zur Verknüpfung der Gebräuche zweier Wörter, läßt sich der Zusatz verstehen, daß »Werkzeuge« ein Oberprädikator (»Oberbegriff«) zu Zange, Hammer, Säge, Hobel und einer offenen Reihe vieler anderer ist. Das gilt so nicht nur für die deutsche Alltagssprache. Dafür sind zwei Beispielbereiche für das Erlernen, Bestimmen und den Gebrauch dieser Wörter im Alltag, auch in der »Lebenswelt« von Biologen und Philosophen, lehrreich:

(1) Das Kind mit dem Bilderbuch, das auf einer Seite die Tiere des Waldes, auf einer anderen die Vehikel der Straße und wieder auf einer anderen eben unsere Werkzeuge sieht, kann daran die Wörter Hammer, Zange usw. lernen – eben für die Bilder. Und alle zusammen heißen dann exemplarisch »Werkzeuge«. Die Transferleistung auf den Hammer, die Zange, die Säge usw., die (meistens) der Vater benützt, wird stillschweigend erwartet und erbracht, im Zweifel nicht ohne weitere sprachliche Erläuterungen. Denn »Zange« etwa wird für so verschieden aussehende Geräte wie Flach- und Beißzangen, für Rohr- und Abisolierzangen,

für Seitenschneider, »Engländer« oder »Franzosen« und viele andere gebraucht. Da muß man entweder von den Funktionen des Festhaltens oder des Schneidens mit Zangen sprechen oder von der prinzipiellen Eigenschaft der zwei um eine gemeinsame Achse drehbaren Teile wie bei der Schere. Das heißt, man muß auf die konkreten Exemplare in konkreter Verwendung zugreifen, um jeweils zu verstehen, was eine Zange zur Zange und (hier noch harmlos) ein Werkzeug zum Werkzeug macht.

(2) Der Heimwerker, der im Baumarkt von der Gartenabteilung in die Abteilung »Werkzeuge« geht, trifft auf *Werkzeuge von Menschen für Menschen.* Wenn er mit einem Fachverkäufer spricht, der ihm neue Typen mit »praktischen« Funktionen und mit neuen Bezeichnungen (erfunden oft durch die zuständige Marketingabteilung) empfiehlt, redet er *mit Menschen über Werkzeuge von und für Menschen.* Aber immer noch wird man bei den einstelligen Prädikatoren bleiben: »Dies ist eine Stichsäge« usw. Diese triviale Eindeutigkeit der Bezeichnung, die leider auch dem methodologisch naiven Tierforscher bei seiner Rede über Primaten das Wort führt, geht bereits dann verloren, wenn Werkzeuge anders verwendet werden als ursprünglich vorgesehen: Hier greift das oben zum Begriff des Anwendens gebrauchte Beispiel des Schraubenziehers als Dosenöffner.

Für den Kunden wie für den Verkäufer in der Werkzeugabteilung des Baumarkts gibt es keine philosophischen oder terminologischen Probleme. Alle Fragen lassen sich durch einen Hinweis auf ein in die Hand zu nehmendes Exemplar eines Werkzeugs oder durch Vorführen seiner Funktion beantworten.

Für den Naturwissenschaftler ist es aber ein Fehler,[7] wenn er

7 Ein drastisches Beispiel hierfür ist das Buch von Peter-René Becker, das schon im Untertitel diesen Fehler erkennen läßt: *Werkzeuggebrauch im Tierreich. Wie Tiere hämmern, bohren, streichen*, Stuttgart 1993.

sich mental »schon immer« in der Baumarktsituation befindet, in der die routinierten Kürzungen und Auslassungen der Alltagssprache keinerlei Probleme darstellen, weil es bei aller professionellen Spezialisierung von Werkzeugen immer um einen zweckorientierten, eindeutigen Kontext (»Werkzeuge von Menschen für Menschen«) geht. Ein Biologe und Primatenforscher, der Thesen über Herstellung und Gebrauch von Werkzeugen durch Tiere belegen möchte, muß sich erst in die Situation des Werkzeug-Erfinders, in eine Quasi-Robinson-Rolle hineindenken. Denn gerade die Werkzeugherstellung soll ja nicht nach dem Vorbild des Baumarktkunden als zweckrationale Routine menschlichen Handelns verstanden werden, bei der ein Mensch sich einfach eines der vielen angebotenen, also in den Regalen herumliegenden fertigen Werkzeuge bedient.

Jede Werkzeugherstellung, ja sogar *jeder Werkzeuggebrauch* wird im Zusammenhang mit Hypothesen über Tiere zu einer *Umdeutung natürlich vorfindlicher Mittel für neue Zwecke*. Tiere in freier Wildbahn, also umgeben nur von Naturdingen, sind allemal in Situationen analog der des fiktiven Robinson, und sie sind definitiv nicht in der Situation analog der des fiktiven Baumarktkunden. Bei Tieren im Labor dagegen, von den Köhlerschen Affenversuchen bis zur Krähe Betty, wird man genau nachzusehen haben, was da im Käfig »einfach so« herumliegt, das heißt, was der Versuchsleiter seinen Versuchstieren an Objekten anbietet und welches Training sie haben. Im Unterschied einerseits zu den natürlichen Dingen in freier Wildbahn und andererseits zu den im Experiment bereitgelegten Objekten durchlaufen Werkzeuge von Menschen für Menschen, deren historische Vorläufer heute gern in Heimat- und Technikmuseen gezeigt werden, eine Kulturgeschichte. In ihr wurden Verbesserungen, Änderungen, Neuerfindungen, Entwicklungen usw. immer wieder auf die alten und die neuen Mittel-Zweck-Verhältnisse menschlicher Praxen abgestellt.

Naturwissenschaft und Sprache

Nun ist entscheidend, daß es bei der Vermenschlichung von Tieren *um Wissenschaft gehen soll*, daß also der Vollzug der Werkzeugherstellung und -verwendung durch Tiere nicht nach Art der sprachlosen Erfolge eines schweigsamen Heim- oder Handwerkers verstanden werden kann: In der Wissenschaft muß *gesprochen* werden, um Ergebnisse zu gewinnen, und *die Behauptungen der Wissenschaftler* müssen verstehbar und begründbar sein, das heißt, bei Zweifeln und Einwänden *terminologisch expliziert* und *mit nachvollziehbaren Argumenten begründet* werden können. Oder sie bleiben unklar und dogmatisch. Die tatsächliche Sprachvergessenheit von Naturwissenschaftlern mit ihren naiv empiristischen Ausreden (»die Erfahrung, nicht die Sprache entscheidet, was der Fall ist«) verfehlt hier ihren Gegenstand und ihren eigenen Anspruch.

Damit muß, wer in der Wissenschaft Biologie den Gebrauch oder gar die Herstellung von Werkzeugen durch Tiere *behaupten* will, im Zweifel *die Rede von »Werkzeug« ausdrücklich bestimmen*. Es reicht nicht aus, daß der Biologe (wie bei einer Fachtagung in Marburg geschehen[8]) einen von einer Schimpansin aus einem Bambusstöckchen durch Aufbeißen eines Endes »hergestellten« Honigpinsel vorweist und versichert, er würde diesen selbst zur Entnahme von Honig aus einem Glas »verwenden«. Dies ist das Niveau des Baumarktverkäufers, das für diesen völlig angemessen, für den Biologen aber schlicht gedankenlos und falsch ist.

8 Die Tagung, auf der Volker Sommer einen entsprechenden Auftritt hatte, fand am 8. und 9. November 2007 statt.

Für die Frage nach einer wissenschaftlich adäquaten Beschreibung für (hier nicht angezweifelte) Beobachtungen an Menschenaffen in freier Wildbahn muß situationsbezogen eine funktionale Form gefunden werden. Sie kann etwa lauten: »x *ist ein Werkzeug* für einen Akteur A in einer Situation S, wenn A in S einen Zweck Z verfolgt und x als ein geeignetes Mittel M zum Erreichen von Z anwendet.« Anschaulich gesprochen: In der Welt der Menschenaffen liegen nicht einfach »die« oder beliebige Werkzeuge herum (wie im Baumarkt), sondern geeignete Objekte der Welt müssen jeweils von Akteur A für einen in einer bestimmten Situation S verfolgten Zweck Z »angewendet« werden, und zwar durch Deutung als zweckmäßiges Mittel. Das ist es ja wohl auch, was Biologen mit ihrer Tiervermenschlichung sagen wollen: Das Tier denkt und handelt zweckrational wie der Mensch.

Jetzt ist das Wort »Werkzeug« aber nicht mehr als einstelliger Prädikator (»Dies ist ein Werkzeug« wie »Dies ist ein Hammer«) zu gebrauchen, sondern es muß als fünfstelliger Ausdruck (mit x, A, S, Z, M) verwendet werden. Denn nur so wird jeweils eindeutig überprüfbar angegeben und auf Geltung hin zu beurteilen sein, ob »tatsächlich« oder »in Wahrheit« Werkzeugherstellung und Werkzeuggebrauch stattfinden oder ob da nur ein Biologe oberflächlich und ungenau über Tiere so redet wie der Baumarktverkäufer über Menschen. Aber diese Explikation einer naiven, alltagssprachlich einstelligen Verwendung von »Werkzeug« als explizit fünfstellige Verwendung des Wortes ist nur der erste Klärungsschritt und nicht schon der entscheidende Punkt in bezug auf wissenschaftliches Sprechen über Tiere.

Entscheidend wird vielmehr, daß damit der Werkzeug*begriff von der Zweckrationalität des Akteurs abhängt*: Nur wer bestimmte Zwecke setzen, die dafür geeigneten Mittel ergreifen und die Eignung der Mittel beurteilen kann, wer also über Zwecksetzungsautonomie und Mittelwahlrationalität verfügt, *hat überhaupt die Fähigkeit* des Werkzeuggebrauchs.

Die naiv alltagssprachliche Beschreibung des Verhaltens von Menschenaffen dagegen ist keine harmlosere Übertragung menschlicher Leistungen auf das Tier, als zu sagen, das Tier betet, denkt an Gott, treibt Wissenschaft, komponiert eine Sonate, erfindet eine Grammatik oder Ähnliches, wenn es irgendwelche Regungen erkennen läßt, die man bei Menschen entsprechend »deuten« würde. Die Deutung der menschlichen Verhaltensweisen ist nämlich an Bedingungen der Symmetrie, der Sprach- und Handlungsgemeinschaft und immer an die unverzichtbaren Unterstellung von Zweckrationalität gebunden, ohne die wir überhaupt nicht »verstehen« (deuten) könnten, was unsere Mitmenschen tun. Deshalb wird zu fragen sein, ob Tiere »Zwecksetzungsautonomie« und »Mittelwahlrationalität« haben können, wenn sich herausstellt, daß diese Leistungen außerhalb einer durch wortsprachliche Kommunikation organisierten Kooperation überhaupt nicht sinnvoll bestimmt werden können.

Der Biologe, der sich die Sache einfach machen möchte, indem er ein beobachtetes Tierverhalten *im ersten Schritt* als Herstellung und Gebrauch von Werkzeugen deutet und so in Alltagssprache beschreibt, um daraus *im zweiten Schritt die Zweckrationalität von Tieren erschließen* zu können, irrt sich (methodisch). Auch die Alltagssprache kennt die Unterschiede von verständlich und unverständlich sowie von wahr und falsch. Wer etwa so gedanken- wie folgenlos mit einem Dosenöffner oder einem Schraubenzieher und einer Konservendose herumspielt, wendet keine Werkzeuge an, geschweige denn, daß er ein Werkzeug herstellt, und sei es als Umdeutung als neues Mittel für einen neuen Zweck. Das heißt, auch der naive Rückgriff des Biologen auf die Alltagssprache verkennt, daß dort ebenfalls semantische und alethische (das heißt die Geltung betreffende) Bedingungen stillschweigend mitgeführt sind; und wer diese nicht berücksichtigt, redet auch alltagssprachlich falsch.

Wie wird dies im Zweifel entschieden? Wissenschaft unterscheidet sich ja vom Alltagsleben dadurch, daß Zweifel durch Argumente entkräftet und Behauptungen durch Argumente gestützt, am besten sogar begründet werden müssen. Im Alltag dagegen regelt die Praxis die meisten Probleme durch einfache Bewährung. Deshalb muß für wissenschaftliche Behauptungen über Tiere methodisch zuerst festgelegt werden, was Werkzeugherstellung und Gebrauch ausdrücklich heißen – sonst können nämlich Behauptungen über diese Leistungen bei Tieren nicht an Erfahrung scheitern und Schlüsse aus Erfahrungssätzen (etwa auf die Zweckrationalität von Tieren) nicht gezogen werden. Was nämlich nicht empirisch falsch sein kann, kann auch nicht empirisch wahr sein.

Sehen wir uns nach dieser Klärung die weitreichenden Behauptungen von Tierethologen über Krähen an, um zu prüfen, ob nicht auch andere, sparsamere, den Spuren Darwins folgende Erklärungen möglich sind anstelle der aufgeladenen Unterstellungen der Tiervermenschlicher. Es geht jetzt um freilebende neukaledonische Krähen, die angeblich aus Palmblättern Werkzeuge für das Herausstochern von Insekten aus Rindenlöchern anfertigen; andererseits um die berühmte, bis in deutsche Fernsehnachrichten gelangte Krähe Betty, die in einem Oxforder Tierlabor angeblich einen Haken gebogen hat, um damit ein Henkeltöpfchen mit Fleisch aus einem oben offenen Glaszylinder zu angeln.

Strittig sind hier nur die von Ethologen gegebenen Deutungen, nicht das empirische Material: Was beobachtet wird und als Film vorliegt, soll nicht der Fälschung verdächtigt werden und ist nicht strittig: Aus Palmblättern, deren Ränder kleine Zacken, genauer Widerhaken haben, lösen die neukaledonischen Krähen Streifen mit dem Schnabel ab, und zwar so, daß sie mehrfach nachfassen und bei jedem Nachfassen etwas weiter in das Palmblatt hineingreifen, so daß jeder »Zug« den abgezogenen Streifen etwas breiter werden läßt. Das Produkt ist also ein stufenweise sich verbreiternder Streifen – und zwar sinnvoller Weise so, daß die Breite in der Richtung zunimmt, in welche die Widerhaken zeigen. »Sinnvoll« ist dies – für den menschlichen Beschreiber – deshalb, weil die Krähe so den gestuften Streifen an der breitesten Stelle fassen und mit dem dünnen Ende in ein Insektenloch einführen kann, um beim Herausziehen an den Widerhaken Beute zu fangen. Die Stufung der Breite und das schmale Ende sind, zusammen mit den Widerhaken (um hier jetzt sorgfältig und genau zu sprechen:) zweckmäßig als Mittel für den Beutefang.

Es kommt entscheidend darauf an, *wo* bzw. *bei wem* in diesem Beispiel die Zweckrationalität liegt: Naiv kann man es großartig finden, daß die Krähen ein Werkzeug so herstellen, wie es ein kluger Mensch machen würde, sofern er nur einen Schnabel und Krähenfüße hätte. Vor allem die Zunahme der Breite in Richtung der natürlichen Widerhaken der Blätter ist doch einfach intelligent, ja genial!

Man sieht: Es ist die Beschreibung, die der menschliche Beobachter gibt, in der Zwecke und Mittel auftauchen. Die Krähen verhalten sich nur, wie beschrieben, sprechen aber nicht darüber. Pointiert: In der Natur geschieht eben, was geschieht, und der Mensch deutet dies als zweckrational – nach Vorbild seines eigenen Handelns, wäre er selbst die Krähe.

Evolutionsbiologisch, das hat nun Darwin mit beeindruckender Klarheit gesehen, reicht für solche Beobachtungen das Prinzip der Auslese zur Erklärung völlig aus. Die Tiere, die das beschriebene Verhalten (wie auch immer sie es erworben haben) zeigen, haben dadurch gegenüber den Tieren, die es nicht zeigen, einen Selektionsvorteil. Die Unterstellung, die Tiere selbst würden zweckrational handeln, ihr Handeln verstehen, ihre Zwecke setzen, ihre Mittel wählen usw. ist, *evolutionsbiologisch betrachtet, überflüssig und darüber hinaus falsch.*

Nur wenigen Biologen fällt auf, daß sie einerseits nicht müde werden, den Fortschritt der Darwinschen und nachdarwinschen Biologie gegenüber der aristotelischen Teleologie zu rühmen, weil damit im Bereich der Natur selbst kein *telos*, keine »Naturzwecke« mehr vorkommen, und daß sie andererseits selbst »teleologisch« denken, nämlich auf die im menschlichen Alltag und im Betreiben der Wissenschaft selbstverständliche Zweckrationalität zugreifen.

Und Betty? Eine Krähe, die sich einen Drahthaken zurechtbiegt, um damit von oben ein Henkeltöpfchen mit Fleisch aus einem Glaszylinder zu angeln? Eine verständig geplante Werkzeugherstellung und -verwendung also?

Ich habe mir den Film aus Oxford mehrfach angesehen, den dazugehörenden Text in *Nature* gelesen und finde folgende Fragen unbeantwortet: (1) Was zeigt der Film? Den allerersten, den allerersten erfolgreichen Versuch oder die Vorführung eines gut eingeübten, vielleicht eines dressierten Verhaltens? (2) Was wurde der Krähe an Drahtstücken angeboten? Nur der in der optimalen Länge oder vielleicht auch ein für die tatsächlich gezeigte Lösung zu kurzer und ein zu langer? Hat Betty gleich die richtige Länge gewählt? Und woher »wußte« Betty, daß das Material des Drahtes weich genug ist zum Verbiegen, aber hart genug, um einen brauchbaren Haken zu ergeben? Durch Versuch und Irrtum? Oder war gleich ein auf den Vogel und seine Kräfte abgestimmtes Material für den Draht gewählt worden? Woher wußten dann die Experimentatoren, daß Betty einen Haken biegen würde? (3) Meinem Eindruck nach »erzeugt« Betty den Haken, anthropomorph gesprochen, »aus Versehen«: Sie umkreist mit dem Draht im Schnabel den Glaszylinder und bleibt mit dem Draht im Sockel unter dem Zylinder hängen, läuft aber weiter, wodurch sich der Draht verbiegt – das ist mein persönlicher Eindruck. Sollte dieser zutreffen, wäre die Werkzeugherstellung fragwürdig und würde sich auf die »Entdeckung« des Hakens als Mittel für den Zweck des Herausangelns beschränken.

Da mögen nun die Autoren zusehen, wie sie ihre ethologischen Laborergebnisse entsprechend erhalten und beschreiben, der Unterschied zwischen einer Beschreibung und einer Zuschreibung bleibt dennoch bestehen: Wenn die Sprache der Experimentatoren ihre Semantik einem zweckrationalen Handeln verdankt, wie es nur in sprachlicher Kommunikation und Kooperation zwischen (prinzipiell) gleichberechtigten und gleichverpflichteten Menschen durch gegenseitige Zuschreibung etabliert werden kann, haben wir es bei Betty mit einer *metaphorischen Zuschreibung* zu tun, *nicht mit einer naturwissenschaftlichen Beschreibung.* Und damit ganz klar auch mit einem naturwissenschaftlichen Dogmatismus, der es nicht der unvoreingenommenen Erfahrung überlassen möchte, was man im Experiment sieht, sondern der nur sieht, was man sehen möchte. Die Ethologie hat eine wissenschaftliche Bringschuld, die nicht durch euphorische Artikel über Leistungen von Tieren in populären Zeitschriften kompensiert wird.

Können Tiere rechnen? Bedeutung und Geltung empirischer Aussagen

Nicht nur Naturwissenschaftler tun sich gelegentlich schwer damit anzuerkennen, daß es nicht zuletzt vom Sprachgebrauch, von Definitionen abhängt, ob ein Satz empirisch wahr oder empirisch falsch oder aber überhaupt nicht empirisch ist. Auch unter »Tierphilosophen« finden sich Autoren, die der Sprachdisziplin an entscheidenden Stellen keine ausreichende Bedeutung zumessen. Da wir unten die These eines solchen Vertreters erwähnen, wonach Tiere (vielleicht) addieren, niemals aber subtrahieren können, sei hier das Beispiel »Rechnen« gewählt, um eine bestimmte Sprachabhängigkeit empirischer Aussagen zu demonstrieren. Zur terminologischen Klärung möge es zunächst um die Frage gehen, ob eine Rechenmaschine, also etwa ein Taschenrechner, »rechnet« oder nicht. Und wieder sei vorausgeschickt, daß die Frage nicht einfach durch eine blinde Dezision, durch bloße definitorische Setzung entschieden werden soll. Wie kann also dieses Problem zu einer empirischen Frage werden, ob Taschenrechner (und eventuell Tiere) rechnen können oder nicht?

Das Wort »rechnen« ist jedem Sprecher der deutschen Alltagssprache ebenso vertraut wie die damit bezeichnete menschliche Tätigkeit. Es genügt, sich für unser Beispiel auf das Zählen und die vier Grundrechenarten zu beschränken.

Nun ein fiktives Beispiel zum Taschenrechner: Er möge eingeschaltet direkt neben einer geöffneten Tafel Schokolade auf einem Schreibtisch liegen. Durch das offene Fenster fliegt, angelockt durch das Silberpapier der Verpackung, eine Meise, die sogleich beginnt, an der Schokolade herumzupicken und dabei auf den Tasten des Taschenrechners hin und her zu hüpfen. Sie möge dabei sowohl Zifferntasten wie Befehlstasten für plus und minus betätigen. Man wird annehmen dürfen, daß die Meise die Anzeigen auf dem Display nicht beachtet. Hat der Taschenrechner oder gar die Meise »gerechnet«?

Zur der Beantwortung der Frage ist genauer zu klären, was man im Alltag meint, wenn man sagt, ein Mensch »rechnet«.

Würden wir sagen, ein Mensch rechnet (und kann infolgedessen rechnen), wenn er keine oder ausschließlich falsche Ergebnisse produzierte? Wohl kaum. Das Wort Rechnen betrifft nämlich immer einen Zusammenhang einer Aufgabe mit einer (»richtigen«) Lösung. Beim Taschenrechner erscheint die Lösung am Display, nachdem der Benutzer die Aufgabe eingegeben hat. In beiden Fällen, beim Menschen, der im Kopf oder mit Papier und Bleistift rechnet, wie beim Taschenrechner, geht es darum, nicht irgendwelche Ziffernreihen, sondern *richtige Ergebnisse* zu erhalten. Der erste Analyseschritt zeigt also, daß man von »Rechnen« nur bei richtigen und nicht bei falschen Resultaten spricht (das nennt man dann üblicherweise »sich verrechnen«), gleich, ob es sich um einen Menschen oder einen Taschenrechner handelt.

Für das Verhältnis von Mensch und Taschenrechner heißt dies, daß schon der Erfinder und Konstrukteur, dann auch der Hersteller und der Benutzer des Rechners vorab zumindest wissen müssen, wie richtiges und falsches Rechnen beziehungsweise richtige und falsche Resultate voneinander unterschieden werden. Anders könnte keine Rechenmaschine erfunden, gebaut und sinnvoll verwendet werden.

Im praktischen Leben verläßt sich der Benutzer darauf, daß das richtige Rechnen schon entsprechend in den Taschenrechner »eingebaut« sein wird. Sollte er aber zufällig einen Defekt feststellen, etwa daß an einer bestimmten Stelle des Displays der mittlere Querstrich ausgefallen ist, so daß die Ziffer 8 als Ziffer 0 angezeigt wird, dann kann er sich selbst leicht eine elementare Aufgabe ausdenken, bei der das Resultat falsch wird. (Liegt dieser Defekt etwa bei der Zehnerstelle, und man gibt in korrekter Darstellung die Aufgabe 8 × 111 ein, wird das falsche Ergebnis 808 sein.)

Damit zeigt der zweite Analyseschritt, nämlich die Betrachtung von Störungen am Rechner, daß der »nach bestimmten Naturgesetzen funktionierende« Rechner nicht zwischen richtigen und falschen Ergebnissen unterscheidet. Denn die technische Störung setzt ja keines der Naturgesetze außer Kraft, nach denen der Rechner funktioniert. Vielmehr wird jede Störung selbst wieder naturgesetzlich erklärt und bei einer Reparatur entsprechend behoben. Es ist also *nur die Perspektive des menschlichen Benutzers und Beschreibers*, der beim defekten Taschenrechner seine Zwecke verfehlt sieht; oder kurz: Den Unterschied zwischen wahren und falschen Ergebnissen zu machen liegt nicht beim Taschenrechner, sondern beim Menschen, der ihn verwendet und darüber Aussagen macht.

Damit ist gezeigt, daß der von einer auf der Tastatur herumhüpfenden Meise betätigte Rechner *nicht rechnet*. Es läuft in ihm lediglich ein Kausalgeschehen ab, das durch die Konstruktion der Maschine vorgezeichnet ist, einschließlich eines eventuellen Geschehens, bei dem eine technische Störung vorliegt. Damit zeigt dieses Beispiel, wie die Empirie von der Terminologie abhängt. Wer naiv jedes Kausalgeschehen in einem Taschenrechner als »Rechnen« bezeichnet, wird seine auf Beobachtung beruhende Aussage »dieser Taschenrechner rechnet« *nicht an Erfahrung prüfen können; denn sie kann nicht an Erfahrung scheitern und damit auch nicht empirisch gültig werden.* Wer dagegen, wie nach unserem zweiten Analyseschritt, die Bedeutung des Wortes »Rechnen« von der Ungestörtheit des Rechners und damit von der Unterscheidung richtiger und falscher Ergebnisse abhängig macht, wird seine empirischen Beobachtungsergebnisse am Taschenrechner mit und ohne technische Defekte ebenfalls nicht als empirische Bestätigung des Aussage »dieser Taschenrechner rechnet (jetzt)« interpretieren können. Vielmehr ist die saloppe Ausdrucksform alltäglicher Sprache, wonach ein Mensch mit Hilfe eines Taschenrechners »etwas ausrechnet«, *an den Zweck gebunden, ein richtiges Resultat zu erhalten.* Die Maschine funktioniert dabei als Mittel für diesen Zweck. Empirisch ist damit nur die Aussage prüfbar, ob der Taschenrechner (derzeit) richtig funktioniert. Jede andere Rede davon, ein Taschenrechner würde auch dann rechnen, wenn das Geschehen in der Maschine durch ein äußeres Naturgeschehen wie das Herumhüpfen eines Vogels verursacht wird, hat damit wegen einer falschen Terminologie die empirische Entscheidbarkeit der Ausgangsfrage verfehlt.

Auch die Beispiele angeblich zählender oder rechnender Tiere in der Literatur übersehen genau diesen Punkt: Wer kein Verfahren zur Prüfung der Zählgleichheit bzw. des Rechenergebnisses auf Richtigkeit hat, der zählt bzw. rechnet auch nicht. Die anders lautenden Deutungen professioneller Tiervermenschlicher aus Biologie und Ethologie sind, mangels begrifflicher Genauigkeit, unwissenschaftlich.

Die Fälle von Werkzeugherstellung und -gebrauch sowie der Verwendung einer Rechenmaschine sind insofern analog, als in beiden Fällen der Sprachgebrauch darüber entscheidet, ob hier überhaupt eine empirische Frage vorliegt oder nicht. Das Tertium comparationis liegt in beiden Fällen im Unterschied zwischen alltäglichem und wissenschaftlichem Sprachgebrauch: Der alltägliche von »Werkzeug« ist einstellig, der wissenschaftliche fünfstellig; der alltägliche Sprachgebrauch von »rechnen« bezieht sich nur implizit auf »richtig rechnen«, während der wissenschaftliche auf die mathematische und logische Seite des Rechnens abhebt und die Aussage »das Ergebnis xy ist gültig« mit zum expliziten Begriff des Rechnens hinzunimmt. Da mögen dann der Biologe und der Tierphilosoph zusehen, wie sie noch zu ihren geliebten, aber falschen Thesen kommen.

2.4 Tierphilosophie

»Der Mensch ist das einzige Tier, das philosophiert. Und nicht zuletzt philosophiert es über Tiere, sei es über sich selbst, sei es über andere Tiere.« So beginnt die Tierphilosophie von Markus Wild.[9] Allgemein bestehe, so der Autor, Tierphilosophie nicht in einer weiteren philosophischen Unterdisziplin neben Natur-, Sprach-, Wissenschafts- oder Moralphilosophie, sondern diskutiere in Überschneidung mit diesen Unterdisziplinen drei Felder, nämlich die mentalen und sozialen Fähigkeiten von Tieren (»Geist der Tiere«), den Unterschied zwischen Mensch und Tier (»anthropologische Differenz«) und unser moralisches Verhältnis zu Tieren (»Tierethik«). Das genannte Buch beschränkt sich auf die ersten beiden Felder, indem es dort als theoretische Philosophie von starken, aber nicht deklarierten Voraussetzungen ausgeht:

(1) Die Naturwissenschaft liefert den Realitätsbezug der Tierphilosophie. Sie hat im Prinzip immer Recht. Der Philosoph muß seine Theorien mit ihr »kompatibel« halten.

(2) Die analytisch-deskriptive Philosophie liefert – mit Ausnahme der Phänomenologie zur Begründung des Mensch-Tier-Unterschieds – den Geschichts- oder Kulturbezug.

Beide Prämissen bestimmen die Form dieser Tierphilosophie, der man als Verfahrensprämisse hinzufügen könnte:

(3) Eine Sprachkritik findet nicht statt.

Das heißt zum Beispiel, daß der Autor, also das Tier, das über

9 Markus Wild, *Tierphilosophie zur Einführung*, Hamburg 2008, S. 9.

sich selbst philosophiert, »gegenüber dem Geist der Tiere keine tiefgreifenden skeptischen Vorbehalte [hat], denn sie schreibt Tieren teleologische Um-Zu-Strukturen, intentionale und qualitative geistige Zustände zu«. Der Leser muß hier entscheiden, ob die Tiere, von denen in diesem Satz die Rede ist, andere Tiere sind als der Autor, der hier Tieren etwas zuschreibt. Aus dem sich anschließenden Darwin-Zitat darf der Leser entnehmen, hier sei »Tier« nach Art des Pavians gemeint, denn »wer den Pavian versteht, leistet mehr in Richtung Metaphysik als John Locke«.[10] Kurz, der Autor springt hier ohne Erklärung zwischen dem Gebrauch von »Tier« im Sinne der Alltagssprache und im Sinne der Evolutionsbiologie hin und her, so daß auch »Mensch« einmal evolutionsbiologisch und dann wieder nicht biologisch, sondern alltäglich zu verstehen ist.

Das Programm dieser Tierphilosophie besteht aus sechs Thesen:

1. Die Tierphilosophie betrachtet den Menschen, soweit es geht, als Tier.
2. Die Tierphilosophie behauptet, daß Tiere einen Geist haben.
3. Die Tierphilosophie behauptet: Schon als Tier hat der Mensch Geist.
4. Die Tierphilosophie verfährt naturalistisch.
5. Die Tierphilosophie verfährt assimilationistisch.
6. Die Tierphilosophie verzichtet nicht auf die anthropologische Differenz.

Um diese Thesen des Autors nachzuvollziehen, ist es hilfreich zu berücksichtigen:

– Mit »die Tierphilosophie« meint der Autor stets: »meine Tierphilosophie«.
– Mit »der« Mensch meint der Autor den generischen Singular,

10 Ebd., S. 32.

also »alle Menschen«, genauer alle heute lebenden Mitglieder der Kulturmenschheit im Sinne unserer heutigen Alltagssprache. Hier gilt also zum Beispiel der Satz »Der Mensch ist kein Pavian«.

– »Das« Tier als generischer Singular für »alle Tiere« kommt in den Thesen nicht vor, wohl aber in den Erläuterungen dazu. Hier ist »Tier« Oberbegriff zu »Mensch«, also eine alltagssprachliche Anspielung auf die biologische Klassifikation und die evolutionstheoretische Abstammungslehre. Der Mensch ist ein Tier, aber mit einer spezifischen Differenz zu den Tieren im alltagssprachlichen Sinne, indem »Tiere« zum Beispiel »keine moralischen Subjekte«,[11] nicht »vertragsfähig«[12] und »für ihr Verhalten nicht zur Verantwortung« zu ziehen sind[13] – wenn diese Annahme auch im Verdacht steht, Teil des längst überholten Erbes von Descartes zu sein.
– »Geist« besteht aus »natürlichen Vermögen und Fähigkeiten«, für die Sprache »nicht konstitutiv sein kann«.[14]
– Der »naturalistische Tierphilosoph überläßt das Feld [...] nicht den Naturwissenschaften«, obgleich er »sie zu Rate ziehen und seine begriffliche Arbeit mit ihrem Gang kompatibel halten« möchte. Von den unzähligen Bedeutungen des Wortes »Naturalismus« ist hier, mit Fred Dretske, die Anwendung empirischer, naturwissenschaftlicher Methoden zur Klärung von Gegenständen gewählt, auf die »verwirrende Begriffe wie Wissen oder Wahrnehmung« angewendet werden.[15] (Man beachte das zweimalige Vorkommen des Wortes anwenden!)

11 Ebd., S. 38.
12 Ebd., S. 39.
13 Ebd., S. 53.
14 Ebd., S. 34.
15 Ebd., S. 35.

- »Assimilationistisch« bedeutet, daß der Tierphilosoph nicht von der »anthropologischen Differenz«, also einem prinzipiellen Unterschied von Mensch und Tier »ausgeht«, sondern von einer Ähnlichkeit (lat. *similis*, ähnlich), für die »ein Tieren und Menschen gemeinsames Geflecht geistiger Fähigkeiten identifiziert [wird], die sich nur graduell unterscheiden«.
- Obgleich »die Tierphilosophie« (des Autors Markus Wild also) von nur graduellen Unterschieden zwischen Mensch und Tier ausgeht und obgleich sie »auch davon ausgehen [kann], daß wir Tiere sind«, »verzichtet [sie] nicht auf die anthropologische Differenz«, »soweit es [nicht] geht, den Menschen als Tier zu betrachten. Offensichtlich ist der Mensch nicht nur ein großes Säugetier unter anderen. Das muß auch die Tierphilosophie berücksichtigen.«[16]

Der Leser muß also Sprachkritik im wörtlichen Sinne von »Kritik« (von gr. *krinein,* unterscheiden, urteilen) als Unterscheiden von Bedeutungen sprachlicher Ausdrücke schon mitbringen, um jeweils zu wissen, ob mit Mensch das Tier (im tierphilosophischen Sinne), mit Tier (im biologischen Sinne) auch der Mensch oder nur das Tier (im alltagssprachlichen Sinne), mit Natur die (menschenunabhängige, natürliche) Natur oder die (Kulturleistung) Naturwissenschaft, mit Geist tierliche Merkmale im Sinne der Alltagssprache oder solche im Sinne der Naturwissenschaft oder solche nur des Kulturmenschen mit Sprache gemeint sind. Wir unterstellen dem Autor wohlwollend, daß er dieses alles gut sortiert hat, auch wenn seine Sortierung oft verborgen bleibt, und suchen im Kapitel über »Begriffliche und methodologische Probleme« Rat. Denn dort gibt es den Abschnitt »Anthropomorphismen: naiv oder notwen-

16 Alle Zitate ebd., S. 35 ff.

dig?«, der Auskunft über die Vermenschlichung der Tiere verspricht.

»Kritischer Anthropomorphismus« ohne Sprachkritik?

Mit Bezug auf Montaigne (»ich behaupte also [...], daß es keinen vernünftigen Grund gibt zu meinen, die Tiere täten aus zwanghaftem Naturtrieb, was wir aufgrund eigener Wahl und erworbener Kunstfertigkeit tun«[17]) plädiert der Autor für einen »*kritischen Anthropomorphismus*«, der mit menschlichem Vokabular Tieren nicht nur metaphorisch etwas zuschreibt. Während man »im Hinblick auf die Natur oder Gott auf Anthropomorphismen verzichten könne«[18] und sie bei Trickfilmfiguren oder Pflanzen unangemessen fände, »fällt uns dies bei Tieren schwer. Um so schwerer, je ähnlicher sie uns sind.« Denn bei genauerer Nachfrage nach unserem alltagspsychologischen Vokabular kämen »wir« dazu, »Tierverhalten auch intentional« zu erklären. »Durch *Zuschreibung* von Wünschen oder Absichten *beschreiben* wir nicht nur etwas am Tier, sondern erklären damit auch oft, warum das Tier bestimmte Dinge tut.«

Mit Rückgriff auf die drei von Daniel Dennett unterschiedenen »Einstellungen« (die physikalische, die funktionale und die intentionale) wird der kritische, intentional eingestellte Anthropomorphismus als »reflektiert« und »investigativ« charakterisiert. Das heißt, es muß reflektiert werden, daß hier nur »ein anthropomorphes Muster auf ein Tierverhalten *angewendet*« wird, und es muß investigativ gefragt werden, was man aus der »Übertragung von Mustern aus der menschlichen Erfahrungswelt auf die tierliche« in der Forschung lernen kann. Als erklärender Gegensatz

17 Ebd., S. 46.
18 Ebd., S. 70.

fungiert hier ein *naiver Anthropozentrismus*, wonach sich »das Tier so zu verhalten hat wie ich«.[19] Hier kommen also die fraglichen methodologischen Wörter »zuschreiben«, »beschreiben« und »anwenden« an prominenter Stelle vor.

Sprachkritik findet nicht statt, was als ein, vielleicht sogar als das wichtigste Merkmal dieser Tierphilosophie zu nennen ist. Es wird nämlich gerade bei den entscheidenden Wörtern nicht nachgefragt:

Was bedeutet zuschreiben im Unterschied zu beschreiben? Im oben gegebenen Zitat hieß es, einerseits fänden Beschreibungen durch Zuschreibungen statt, andererseits handele es sich beim Zuschreiben um ein bloßes Unterstellen, also doch wohl nicht um eine Beschreibung, die auch falsch sein kann. Solche Nachfrageverzichte erklären sich nicht zuletzt aus den philosophischen Bezugsautoren, die im Text erwähnt werden und unter der Rubrik »Ausgewählte Literatur« leicht zu identifizieren sind: Es sind Analytische Sprachphilosophie, Analytische Wissenschaftstheorie, Analytische Philosophie des Geistes und Autoren, die naturalistischen und empiristischen Positionen affirmativ gegenüberstehen – mit Ausnahme des letzten Kapitels (»Der Mensch als Tier, das eine Welt hat«), wo eine spezielle Form der Phänomenologie von Heidegger bis Derrida Sprachkritik auf andere Weise vermeidet, indem sie »ökologische Nische«, einen biologischen Fachausdruck, metaphorisch und biologisch sinnwidrig verwendet, indem sie die vom Menschen geschaffene Zivilisation (»Welt« im Heideggerschen Sinne) als seine ökologische Nische bezeichnet.

19 Ebd., S. 73.

Naturalisierung der Kultur als »ökologische Nische«

Als Fazit dieser Tierphilosophie läßt sich festhalten: Sie folgt einerseits der Biologie, insofern sie den Menschen im abstammungstheoretischen und taxonomischen Sinne zu den Tieren rechnet, hebt aber andererseits seine Sonderstellung hervor, insofern der Mensch im Unterschied zum (alltagssprachlichen:) Tier seine Lebensbedingungen durch Kultur selbst erzeugt. Die Vermenschlichung des Tieres soll dabei durch einen »kritischen«, nämlich »reflektierten« Anthropomorphismus geleistet werden. Diese Reflexion sieht zwar den Übertragungs-, also den *metaphorischen Charakter der Zuschreibungen*, die wir Tieren gegenüber vornehmen. Aber sie kommt nicht zur Frage, ob wir solche Zuschreibungen zu Recht oder zu Unrecht vornehmen, sondern beruft sich einfach auf die Alltagspraxis, in der solche Metaphern üblich sind; sie reflektiert also gerade nicht, ob die Vermenschlichung von Tieren bloß in der Sprache des Hundeliebhabers geschieht, der seinem Partner so gut wie alles Menschliche zutraut, oder in der Sprache des Naturwissenschaftlers, der aus der angeblich empirisch belegten Menschgleichheit des Tieres die Argumente gewinnt, umgekehrt den Menschen selbst zum Tierreich zu rechnen. Diese Tierphilosophie bleibt also wegen ihrer sprachlichen Beliebigkeit sowohl gegenüber den Methoden der Naturwissenschaften (»naturalistisch«) wie gegenüber den kulturalistischen Gegenphilosophien (»assimilationistisch«) dogmatisch. Sie gibt (in den sechs genannten Thesen) ein Programm einfach vor, ohne es zu begründen.

Und sie macht aus der Kultur im Sinne von technischer Zivilisation und damit aus einer künstlichen, menschgeschaffenen Welt durch eine mißglückte Metapher eine »ökologische Nische«. Ein solcher Friede des Phänomenologen mit dem Naturalisten ist jedoch noch nicht einmal ein Kompromiß oder ein Zweckbündnis, sondern angesichts der phänomenologisch gut begründeten Gegnerschaft zum Naturalismus ein leerlaufender, rhetorischer Trick.

2.5 Menschliches Denken bei Tieren

Ein zweites Beispiel für Tierphilosophie bietet der Band *Können Tiere denken? Ein Beitrag zur Tierphilosophie* von Reinhard Brandt.[20] Er hat mit der Tierphilosophie von Markus Wild gemeinsam, daß er die »anthropologische Differenz«, also einen spezifischen Unterschied zwischen Mensch und Tier herausstellt, obgleich beide Autoren den Naturwissenschaften weitgehend darin folgen, mit anthropomorphem Vokabular den Tieren vieles zuzuerkennen, was der Mensch an geistigen und seelischen Leistungen erbringt. Ein wichtiger Unterschied der beiden Ansätze ist jedoch, daß Wild sich – trotz seines Ausflugs in die Phänomenologie – zu seiner intellektuellen Heimat und den Bezugsgrößen im Naturalismus der Analytischen Philosophie bekennt, während dem Philosophiehistoriker Brandt ein Naturalismus eher unterläuft – in Form von Naturwissenschaftsgläubigkeit.

Die Betrachtung dieses zweiten Ansatzes soll hier der Überprüfung unserer Kernthese dienen, daß die Vermenschlichung von Tieren auf mißbräuchlicher Rede über den Menschen beruht. Aber dazu gilt es, erst einmal herauszufinden, was der Autor an »Rede über den Menschen« vorsieht – an den Fähigkeiten des Denkens, Urteilens und Negierens.

Darwin hatte nicht zwischen einer direkten und einer me-

20 Reinhard Brandt, *Können Tiere denken? Ein Beitrag zur Tierphilosophie*, Frankfurt am Main 2009.

taphorischen Verwendung einschlägiger Wörter unterschieden. Die vielfältigen Äußerungen des Geistes und der Seele des Tieres verdanken sich bei Darwin einer Übertragung menschlicher Leistungen auf das Tier. Sie ist dort unzulässig, wo diese Übertragungen an Zuschreibungen moralischer Symmetrie als spezifisch menschlichen Kommunikations- und Kooperationsbedingungen hängen.

Bei Markus Wild dagegen beruht der Sprachmißbrauch auf einer dogmatisch naturalistischen Grundsatzentscheidung, die die Analytische Philosophie der Sprache, der Wissenschaften und des Geistes leitet. Diese Grundsatzentscheidung »geht davon aus«, daß alles, was man über Tiere und Menschen wissen könne, was also nicht bloß eine definitorische Setzung ist, aus Erfahrung nach naturwissenschaftlichem Vorbild stamme. Das Wissen der Menschen über sich selbst, über die eigenen Handlungen und ihre Folgen auf der Kulturhöhe unseres Alltagslebens kommt nicht prominent vor oder spielt, wo es beiläufig erwähnt wird, weder für das Mensch-Tier-Verhältnis noch für das Natur-Kultur-Verhältnis eine Rolle. Deshalb kann der Autor die menschliche Kulturwelt im Sinne der Heideggerschen Phänomenologie zur menschgemachten ökologischen Nische metaphorisieren und naturalisieren.

Wieder anders liegen die Sprachprobleme bei Brandt. Nach Lektüre des Buches ist man dem Klappentext dankbar für die Klarheit, mit der es dort heißt: »Tiere haben erstaunliche *kognitive Fähigkeiten*, ein diesen Fähigkeiten entsprechendes *Bewußtsein* und Formen des *Selbstbewußtseins*. Das Denken in diskreten Einheiten von Urteilen scheint ihnen jedoch nicht zugänglich zu sein, damit auch nicht die Unterscheidung von Bejahung und Verneinung und von wahr und falsch.« Der Leser, der Kognition, Bewußtsein und Selbstbewußtsein nur von sprechenden Wesen her kennt, erwartet Aufklärung, wie dies alles bei Tieren sein oder geschehen soll.

Der Autor gibt sich vorsichtig. Tieren »scheint« also das Denken als Urteilen nicht zugänglich, oder noch unentschlossener: »Es soll die Position verteidigt werden, daß Tiere *vermutlich* nicht denken können, hier also eine Kluft zwischen Mensch und Tier besteht.«[21] (Herv. im Original) Ein ganzes Buch für eine bloße Vermutung? Dabei spielt der Autor mit einer Beobachterposition im Disput zweier Parteien, welche die Denkfähigkeit von Tieren verteidigen oder bestreiten. Zwischendurch aber äußert er selbst doch entschieden die eine oder andere Meinung: »Ich meine, daß die Vorstellung, Tiere verfügten über Begriffe, falsch ist.«[22]

Aufbau und Gang des Buches sind einfach: Nach einer Einleitung gibt es nur zwei Hauptkapitel: »Was heißt ›denken‹?« und »Können Tiere denken?« Die Einleitung präsentiert nach »unterschiedlichen Meinungen« zur Titelfrage das Vorhaben des Autors: »Ein Ziel dieses Buches ist die *präzisere Darlegung* dessen, was ›denken‹ ist, *als es in den bisherigen Publikationen zu diesem Thema* zu finden ist.«[23] Dafür wird mit theoretischem Interesse »die Frage, ob es *eine harte Zäsur zwischen Menschen und Tieren gibt und wo genau sie verläuft*«,[24] diskutiert.

Obgleich sich das Buch im Titel selbst als »Beitrag zur Tierphilosophie« klassifiziert, ist das Kernanliegen des Autors ausdrücklich seine *eigene Theorie des menschlichen Denkens*, die er *»präziser« als die gesamte bisherige Tradition* darzulegen verspricht. Dies paßt gut zum sprachkritischen Anliegen, das wir hier mit der These verfolgen, man müsse erst genauer verstehen, was wir vom

21 Ebd., S. 63.
22 Ebd., S. 79.
23 Ebd., S. 26.
24 Ebd.

Menschen behaupten, um es auf Tiere begrifflich klar und argumentativ begründet übertragen zu können.

Die These dieser Tierphilosophie läuft, etwas vergröbert, darauf hinaus, den Tieren das Denken abzusprechen, weil sie nicht urteilen können, und ihnen das Urteilen abzusprechen, weil sie *nicht verneinen können*. Und als aparte Sonderthese: Weil beim Menschen auch das Rechnen als eine Form des Denkens gilt, wird Tieren auch die Fähigkeit zum Rechnen abgesprochen, weil sie (analog zum Negieren) nicht subtrahieren können, auch wenn sie in einfachen Fällen – wie Biologen sagen – zählen oder addieren können sollten.[25]

Der transzendentale menschliche Geist
(Negieren, Urteilen, Denken)

Der Autor will

> »versuchen, einen *einheitlichen* (und nicht spezifisch biologischen, philosophischen, computertechnischen usw.) *Denkbegriff* einzuführen, indem wir dasjenige Denken und Urteilen zugrunde legen, *das von allen Personen bei der Rede über das Denken benutzt* wird. Es wäre *genau die Denkleistung*, die vollzogen wird, wenn unsere Festlegung bestritten wird; der Opponent also widerlegte sich damit selbst. *Mehr brauchen wir nicht.*«[26]

Dieser Gedanke verdient festgehalten zu werden: Um am Ende zu zeigen, was Tiere nicht können, wird eine »Denkleistung« ins Auge gefaßt, die darin besteht, nur um den Preis einer Selbst-

25 Da Tiere keine metasprachlichen Fähigkeiten zur Unterscheidung richtiger von falschen Zähl- und Rechenergebnissen haben, »rechnen« sie auch nicht (vgl. zur Begründung oben S. 85).

26 Brandt, a.a.O., S. 29.

widerlegung *bestritten* werden zu können. Dieser (vermeintlich transzendentale) Trick ist das Begründungsfundament der hier vertretenen Tierphilosophie. Dieser Trick kommt im Text mehrfach vor, wird aber nirgends präzisiert oder als Argument durchgespielt.

Der Leser muß deshalb selbst entdecken, was ihm dabei unterstellt wird: Er, wie alle Menschen, die über Denken reden, »benutzen« dafür eine Denkleistung, welche genau dieselbe ist, die man benutzt, wenn man diese Unterstellung bestreitet. Der Autor hätte auch harmloser sagen können: Wer sich auf eine Debatte (nur zum Beispiel: über das Denken) einläßt, tut dies denkend im selben Sinne wie derjenige, der bestreitet, daß er (nur zum Beispiel: beim Bestreiten des Denkens) denkt. Oder noch einfacher: Kein Reden ohne Denken.

Der vom Autor hier nur vermeintlich vollzogene transzendentale Trick, daß ein Einwand mit sich selbst in einem performativen Widerspruch steht und sich deshalb selbst aufhebt, kommt im angegebenen Zitat gerade nicht vor; erst recht nicht in der positiven Form, daß eine Behauptung bereits dadurch wahr wird, daß man sie aufstellt (hier: daß jede Rede über das Denken dasselbe Denken und Urteilen *benutzt*). Das angegebene Zitat ist deshalb nicht mehr als die immunisierende Setzung: Wer mir widerspricht, hat mich schon bestätigt. (Mehr, so bekennt der Autor, »braucht er nicht«.)

Immerhin ergänzt er: »Eine wirkliche Urteilslehre müßte auf einem komplexeren Niveau argumentieren, das aber für unsere Zwecke nicht nötig ist.«[27] Vielmehr wird *»schon im Vorgriff das Denken mit Urteilen gleichgesetzt«* und muß,[28] »systematisch betrachtet«, für jedes Urteil »wesentlich dreierlei« erfüllen: »Die

27 Ebd., S. 33.
28 Ebd., S. 29.

Möglichkeit der Referenz auf etwas Urteilsexternes, die der Binnendifferenz von Bejahung und Verneinung und damit drittens die des Wahr- und Falschseins. Es gibt *kein menschliches Denken und Sprechen, das keine Urteile dieser Grundstruktur enthielte.*«[29]

Immerhin gibt es in der Tierwelt »das Kuriosum, daß Tiere *sprachliche Urteile äußern*, ohne sie denken zu können«, nämlich der Papagei, der sogar »situationsgerecht *perfekte Sätze* verlautbart«.[30] Damit findet sich der Leser bei den Tieren vor. Was fehlt ihnen im Vergleich zum Menschen? Produziert der Papagei nicht einfach nur Laute, die bei liebevoller Interpretation wie »sprachliche Urteile« oder »perfekte Sätze« *klingen*? Sind sie ihm nicht von Menschen genau so beigebracht worden? Oder muß man jetzt auch das Navigationsgerät im Auto als Kuriosum bewundern, weil es »situationsgerecht perfekte Sätze verlautbart«, obwohl es seine »sprachlichen Urteile nicht denken kann«?

Sucht man konkret nach Aussagen über die Unfähigkeit von Tieren, zu verneinen, landet man bei der Bienensprache. Sie soll hier den entscheidenden Beleg liefern. Sie wird vom Autor verstanden als Mitteilung darüber, »in welcher Flugrichtung und Entfernung Blüten zu finden sind« und damit als Mitteilung, die sich »auf etwas sinnlich nicht Präsentes, nicht kausal Einwirkendes, sondern räumlich Entferntes bezieht«, also eine Art symbolischer Tierleistung. Aber trotz dieser raffinierten sprachlichen Leistung fehle den Bienen die »Möglichkeit, anderen Bienen mitzuteilen, daß es in einer bestimmten Richtung und Entfernung *keine* Blüten gibt«.[31] Genau dafür taucht dann überraschend eine Mensch-Tier-Gleichheit auf: »Diese Unfähigkeit der Negation teilt der Bienentanz mit dem menschlichen Zeigen –

29 Ebd., S. 32 f.
30 Ebd., S. 31.
31 Ebd., S. 41

niemand kann auf etwas, was nicht der Fall ist, mit dem Finger zeigen.«[32] Hier muß man also zuerst das Zeigen, dann die Bienensprache verstehen.

Zeigen und Verneinen

Die eigentümliche Negations-, Urteils- und Denktheorie des Autors übersieht generell wie in den speziellen Beispielen: Negieren als menschliche Tätigkeit kommt außer in Behauptungen (»Urteilen«) auch in Aufforderungen, Fragen, Bekundungen und sprachlichen Beziehungshandlungen vor. Bevor wir darauf eingehen, ist aber noch einmal die Analogie von Bienentanz und menschlichem Zeigen aufzunehmen. Immerhin soll ja den Bienen, stellvertretend für alle Tiere, die menschliche Fähigkeit des Negierens aberkannt werden, weil es *wie das menschliche Zeigen* nicht auf Nichtexistentes gerichtet sein könne. Aber ist es denn wahr, daß der Mensch beim Zeigen nicht negieren kann?

Wenn ein Kind in Verbindung mit Zeigehandlungen etwa die Wörter Biene, Wespe, Fliege, Bremse usw. lernt, an Bildern, an lebenden oder an toten Exemplaren, und wenn dann ein fliegendes Insekt, der Wespe ähnlich, mit gelb-schwarz-gestreiftem Hinterleib auftaucht, wird man darauf hinweisen und sagen, »Dies ist *keine* Wespe« und vielleicht erläuternd hinzufügen: »Dies ist eine Schwebfliege«, »Sie hat *keinen* Stachel« und vielleicht »Sie hat einen flacheren Hinterleib und fliegt *nicht wie* eine Wespe, sie bleibt in der Luft stehen«. Und man wird vielleicht etwas über Mimikry erzählen. Aber was soll es heißen, daß niemand auf etwas zeigen kann, was nicht der Fall ist, wo wir Menschen doch genauso das elementare Prädizieren erlernen, näm-

32 Ebd.

lich immer an Beispielen *und Gegenbeispielen* (»Dies ist ein Fagott; dies ist kein Fagott, dies ist eine Oboe!«)? Also sind doch Zeigehandlungen sinnvoll für etwas, das nicht der Fall ist. Und was können die Bienen?

Die Bienensprache

Anscheinend hat sich unser Philosoph nicht gefragt, wie Bienenforscher (seit Karl von Frisch) überhaupt auf die Metapher einer »Bienen*sprache*« gekommen sind, ausgehend vom Zusammenhang zwischen dem Schwänzeltanz einer mit Nahrung heimgekehrten Biene und dem anschließenden Flug der den Tanz beobachtenden Bienen zur selben Nahrungsquelle: Da der Bienenforscher ja die Bienen nicht befragen oder ihnen zuhören kann, muß er *Deutungen von Beobachtungen* vornehmen, und zwar der erwähnten drei Ereignisse: (1) des Rückflugs und der Heimkehr der ersten, mit Pollen bepackten Biene von einer Nahrungsquelle; (2) deren Tanz vor umstehenden anderen Bienen; und (3) deren Ausflug zur selben Nahrungsquelle.

Lassen wir beiseite, daß heute dieser Zusammenhang von einigen Experten aufgrund besserer Beobachtungstechniken bezweifelt wird, ja daß eventuell sogar von Frisch selbst entgegen eigenen Zweifeln wegen des ungeheuren Erfolgs seiner »Bienensprache« nicht ganz bei der Wahrheit geblieben ist.[33] Der Nachfolger von Frischs, Randolf Menzel, weist diese Kritik und die Zweifel an der Bienensprache entschieden zurück,[34] woran vor

33 Vgl. Katrin Blawat, »Hüftschwung ohne klare Ansage«, in: *Süddeutsche Zeitung* (2. Dezember 2009), S. 16; dort heißt es: »Die Tanz-Sprachen-Hypothese klang einfach aufregender.«

34 Katrin Blawat, »Und sie tanzen doch«, Interview mit Randolf Menzel, in: *Süddeutsche Zeitung* (8. Dezember 2009), S. 16.

allem die Aussage bemerkenswert ist, daß er an der Informationsübertragung durch den Bienentanz eine »motivierende« und eine »instruierende« Funktion unterscheidet, also den Bienentanz als Aufforderung oder Anweisung versteht. Hier geht es aber zunächst nur um die These unseres Tierphilosophen, daß »die kodierte Mitteilung der Bienen [...] nicht alternativ bejahen oder verneinen [kann] und [...] entsprechend weder wahr noch falsch [ist], sondern [...] ein Naturgeschehen [bleibt]«.[35] Immerhin geht es hier stellvertretend für alle Tiere um die Frage, ob Tiere wie Menschen kommunizieren können.

Zunächst einmal eine laienhafte Nachfrage am menschlichen Beispiel: Wenn ein Ortskundiger auf Nachfrage einem Ortsfremden den Weg zum Bahnhof weist (und der Fremde die Auskunft befolgt und den Bahnhof erreicht, so daß sich die Wegbeschreibung als wahr erweist), erwartet wohl niemand, daß der Ortskundige im Rahmen dieses Sprachspiels auch ein paar Negationen anbietet, ein paar Irrwege oder ein paar Wege zu Nicht-Bahnhöfen beschreibt. Selbstverständlich kann der Ortskundige sich irren, mißverstanden werden oder den Fremden täuschen wollen. Ist es das, was die Bienen nicht können? Und wenn ja, woher weiß unser Tierphilosoph dies über die Bienen? Ist seine Behauptung über Tiere wahr?

Wenn nur aus der Beobachtung der Flüge der »informierten« Bienen auf den Mitteilungscharakter des Schwänzeltanzes geschlossen wird, ist die These unseres Tierphilosophen wohl eher falsch. Denn tatsächlich fliegen ja die Bienen *nicht* zu Zielen, bei denen es *keine* Nahrung gibt. Also kann aus den (hier unterstellten) Beobachtungen genauso geschlossen werden, daß die Tanzbiene all diese Ziele in ihrem Tanz mitgeteilt hat, verbunden mit

35 Brandt, a. a. O., S. 142, Anm. 21.

der (negativen) Botschaft, daß es dort keine Nahrung gibt. Mit anderen Worten: Weil der Sprachcharakter des Tanzes allein aus dem Zusammenhang der drei oben unterschiedenen Bewegungen der Bienen *erschlossen* wird, gelten logisch auch die verneinten Umkehrungen der Schlüsse: Die informierten Bienen fliegen nicht zu einem Ziel ohne Nahrung, also hat die Tanzbiene diese Ziele nicht als lohnend dargestellt, also wurden alle Ziele ohne Nahrung von ihr ohne Zwischenlandung passiert – und unsere Bienen könnten ebenso fröhlich verneinen wie bejahen.

Generell läßt sich gegen die Thesen dieser Tierphilosophie einwenden, daß es immer *Deutungen von Verhalten* sind, die als Negieren oder Nicht-Negieren, Urteilen oder Nicht-Urteilen und Denken oder Nicht-Denken benannt werden. Dann aber hat unser Tierphilosoph folgende Beweislast: Wieso sind die (unbestrittene) Unterscheidungsfähigkeit der Tiere zwischen freßbar und nichtfreßbar und die Ablehnung des Ungenießbaren kein Negieren, an ihrem Verhalten sichtbar und wegen der universellen lebenserhaltenden Funktion verallgemeinerbar? Warum wird das schon bei der Amöbe beobachtete Vermögen, zwischen verdaulich und nichtverdaulich zu unterscheiden, nicht *als Negieren gedeutet*, wenn es ohnehin keinen anderen Weg als den der Deutung von Beobachtungen eines nichtsprachlichen, tierischen Verhaltens gibt?

Der Urschrei der Menschwerdung

Da der Autor uns mit diesen Fragen allein läßt, gehen wir über zu seinem Versuch, gleichsam den Umschlag vom Tierischen zum Menschlichen naturhistorisch zu bestimmen. Vielleicht findet sich ja dort ein Beleg dafür, was die Tiere zusätzlich erwerben mußten, damit das menschliche Denken entstehen konnte.

Für unseren Tierphilosophen geschieht der Sprung zum Menschsein durch einen Urschrei: »Dies ist etwas weltbewegend Neues: Einer aus der Horde bellt den, der etwas zeigt und diese Bewegung mit zwei Lauten begleitet, nicht an, sondern sagt, ›Nein!‹. Der Widerspruch gewinnt in den nachfolgenden zehntausend Jahren die Form: ›Nein, es ist die Nachtigall und nicht die Lerche! [...]‹. Mit diesem ersten ›Nein!‹ im Universum war der despotische Solipsismus der Welt durchbrochen und der erste Schritt der Menschen zur Freiheit getan.«[36]

Die (geistige) Menschwerdung denkt sich der Autor also im ersten »Nein«, welches das Gebell des Artgenossen damit zum Urteil adelt. Ohne jede Erläuterung bleibt der Leser allein mit seiner Frage, wieso denn ein erstes »Nein« nicht als Aufforderung vorkommen kann, wie in »Nein, tu es nicht!«, »Erschlag mich nicht!« oder »Nicht den da, er ist einer von uns!« Warum fängt diese Modellgeschichte nicht statt mit Behauptungen mit Bekundungen (expressiven Äußerungen) an, wie »Nein, ich habe keinen Hunger«, »Ich will nicht«, oder mit Beziehungshandlungen wie »Nein, das gehört nicht dir, sondern mir« und so weiter? Oder kurz: Warum wird die Naturgeschichte der geistigen Menschwerdung an der Redeform des Behauptens festgemacht und nicht am Äußern von Bedürfnissen, also den Bekundungen, oder bei der Herstellung von Beziehungen oder bei den organisatorisch überlebenswichtigen Aufforderungen?

Man liest: »Wir haben hiermit die kopernikanische Wende vom Himmel auf die Erde, näher: in die Savanne geholt und *aus dem Ding an sich* der animalischen Lebenswelt *einen Gegenstand gemacht, der nur in der menschlichen Erkenntnis erscheint*«, und weiter, »wenn wir unseren Savannen-Film weiterlaufen lassen«,[37]

36 Ebd., S. 51.
37 Ebd., S. 55.

so daß schließlich das Denken die Alleinherrschaft übernimmt, um das Gehirn so zu beeinflussen,

> »daß die Menschen nach einiger Zeit an die Gründung von Städten und Universitäten mit Instituten für Philosophie und Verhaltensforschung denken konnten. Damit aber ist das Ziel und Ende der Savannengeschichte erreicht. [...] Der Geist ist kein Funke, der dem einzelnen Gehirn oder dem Wechselgesang von Waldbewohnern entspringt, sondern wird in der *Kooperation von Seele und Körper, Sehsinn und Hörsinn, Individuum und Gruppe*, in einem durch sie gestifteten öffentlichen Raum *verwirklicht, an einem Pfingstsonntag in der Savanne.*«[38]

Wo die Tierphilosophie so zur schönen Literatur wird und eine »präzisere Darstellung« im Sinne eines literarischen »assoziativ stehen für etwas« statt »etwas exakt darstellen« gegeben wird, kann die Frage »Können Tiere denken?« *nicht im Sinne einer wissenschaftlichen Frage* gemeint und beantwortet sein. Wer dagegen wegen der menschlichen Herkunft und Verwendungspraxis von Wörtern wie denken, urteilen, verneinen usw. erst verstehen will, *was diese Wörter von Menschen für Menschen über Menschen bedeuten*, bevor er sie auf Tiere anwendet, sollte vielleicht folgendes bedenken: Die Beschränkung von Sprechen und Denken *auf das Behaupten und das Beurteilen von Behauptungen* als wahr oder falsch ist nicht nur beliebig aus der Fülle sprachlicher Funktionen ausgewählt, sondern schwer irreführend.

Weder erlernen noch praktizieren Menschen das Sprechen und Denken in dieser Weise, und zwar weder im Alltagsleben noch in der Wissenschaft oder der Philosophie. Damit lautet das Fazit: *Auch wer Tieren eine menschliche Fähigkeit absprechen möchte, muß erst eine brauchbare Beschreibung dieser menschlichen Fähig-*

38 Ebd., S. 55 f.

keiten und Leistungen haben; sonst wird sogar im negativen Falle (»Tiere können nicht denken«) die tierphilosophische Behauptung sinnlos. Auch in der Tierphilosophie, wie in der Biologie, bleibt der sprechende Mensch erst einmal bei sich selbst, seinen Zwecken und Mitteln, seinen natürlichen und kultürlichen Bedingungen. Der Mensch-Tier-Unterschied als Gegenstand einer Theorie ist allemal ein Beleg für die Vorentscheidungen des Theoretikers. Er hat zu verantworten, wenn Tiere mißverstanden werden.

2.6 Das mißverstandene, naturalistisch verkürzte Tier

Zwei jüngere, deutschsprachige Publikationen zur Tierphilosophie ergeben damit folgendes Bild: Sie praktizieren verschiedene Formen des Naturalismus. Bei Markus Wild ist es die pauschale Anerkennung der Naturwissenschaften nicht nur in ihren empirischen Resultaten, sondern auch in ihrem philosophischen Selbstverständnis, wie es sich bei bekennenden Naturalisten in der Analytischen Philosophie der Sprachen, der Wissenschaften und des Geistes äußert. Seine Tierphilosophie ist zwar aktuell, hat Verbindlichkeit aber nur für all diejenigen, welche die naturalistischen Prämissen teilen. Mit welchen Gründen sich diese empfehlen, bleibt ungeklärt.

Die Tierphilosophie von Reinhard Brandt dagegen ist, wiewohl ebenfalls naturalistisch, aufgrund ihrer Konfrontation mit einer Metaphysik des Urteils schwer einzuordnen. Sie ignoriert einschlägige jüngere Erkenntnisse der Sprachphilosophie, vor allem jede systematische Sprachkritik. Kein Anfang und kein Ende der Bestimmung von Begriffen und der Begründung von Behauptungen sind erkennbar. Der Text ist literarisch.

Mit der Darwinschen Tradition im Sinne des umsichtigen empirischen Forschens und des versuchsweisen Unterscheidens, verbunden mit methodologischer Reflexion, haben diese beiden Tierphilosophien Berührung bestenfalls im methodologisch verengten Selbstverständnis der aktuellen Biologie. Dennoch sind sie ein neues Kulturphänomen unter neuem Titel. Als solches machen sie die von den Naturwissenschaften provozierte Herausforderung unserer ethischen Aufklärung durch Entmythisierung der Natur nicht einfacher, sondern schwieriger. Bevor wir deshalb auf die Frage zurückkommen, wie der Grundkonflikt zwischen der Entmythisierung des Menschen und der Entmythisierung der Natur aufgelöst werden kann, lohnt sich nochmals ein Blick auf das Tier – in seinen jeweiligen Beschreibungen.

Biologie und Ethologie, die ohne Aufmerksamkeit und ohne klare Begriffe für die Kultürlichkeit des Menschen (einschließlich der Autoren selbst) das Tier einer anthropomorphen Beschreibung unterziehen, sind mit ihrem Naturalisierungsprogramm dem Tier wesentlich ferner, als die Autoren selbst glauben. *Das Tier* wird nämlich dort, wo ihm *menschliche Qualitäten und Leistungen zugeschrieben* werden, *gerade nicht als Naturgegenstand* (und sein Verhalten gerade nicht als Naturgeschehen) *beschrieben.*

Das klassische Beispiel dafür ist immer noch der Werkzeuggebrauch. Pointiert gesagt, muß die Rede über Werkzeuge, wie wir sie aus der alltäglichen menschlichen Praxis kennen (also die naive Alltagssprache über Werkzeuge von Menschen für Menschen) erst ohne jegliche sprachliche Selbstkritik bruchlos in die Ethologie übernommen werden, damit man den Tieren von der Seerose bis zum Schimpansen *handwerkliche Tätigkeiten aus dem Bereich menschlicher Kultur metaphorisch zuschreiben* kann. Man dichtet ihnen damit innerhalb einer Naturwissenschaft Qualitäten an, die sie weder haben noch benötigen, vor allem eine Zweckrationalität, die ohne Anbindung an Sprache keinerlei Sinn hat. *Das Tier wird* so *naturalistisch verkürzt* (und nicht etwa aufgewertet, indem es dem Menschen in seinen Leistungen angeglichen wird). Das Tier als Naturgegenstand und sein Verhalten als Naturgeschehen sind aber von Natur aus, wie sie sind, und sie brauchen keine Legitimation durch Menschenähnlichkeit.

Wegen ihres offenen, im Falle Markus Wilds programmatischen, in Falle Reinhard Brandts kontingenten Naturalismus sind auch diese beiden Tierphilosophien nicht reflektierter als die Fachbiologie, was die metaphorischen Zuschreibungen menschlicher Qualitäten zu Tieren angeht. Daran ändert auch das Bekenntnis der beiden Autoren zur »anthropologischen Differenz« nichts: Der eine Tierphilosoph naturalisiert die Kulturwelt metaphorisch zur ökologischen Nische des Menschen, der andere kulturalisiert das Tier in seinen kognitiven Leistungen bis zur maximalen Menschenähnlichkeit, nur um ihm dann die Fähigkeiten der Begriffsbildung, des Negierens, Urteilens und Denkens absprechen zu können. Daß Tiere keine Wortsprache mit Semantik, Grammatik und Logik haben, hat man auch vorher schon gewußt, und man weiß es jetzt aus den angeblichen Grenzen der Naturalisierung des Neinsagens nicht sicherer als bisher. Dieses Wissen ist stabil gegen die Metaphorisierungsfreude, die beim Starengesang eine Grammatik und beim Täuschungsmanöver einer Krähe eine Semantik sehen will.

Die Formel »der Mensch und andere Tiere« erweist sich damit weniger als Ausdruck naturwissenschaftlicher Aufklärung durch eine darwinistische Biologie denn als *naturwissenschaftlich nicht eingelöstes Versprechen*, das Tier als Naturgegenstand, sozusagen aus eigenem Recht, zu erforschen. Die naive Begeisterung von Biologen, Ethologen und Evolutionären Anthropologen über in

Laboren gemachte Beobachtungen an Tieren belegt diesen blinden Fleck: Man beachtet nicht die Künstlichkeit der Bedingungen, Fragen, Beobachtungen und Ergebnisse, weil man sie naturalisiert, indem man naturwissenschaftliche Methoden unkritisch auf Kulturgegenstände anwendet wie gehälterte, dressierte, belohnte, ihres Habitats beraubte, gezüchtete, ihrer natürlichen Lebensform entfremdete Tiere.

2.7 Das Ende der Humanität?[39]

Der Ansatz des englischen Philosophen John Gray stellt noch einmal eine andere Form des Naturalismus dar als bei Markus Wild und Reinhard Brandt, sozusagen eine superaffirmative, superdogmatische Variante. Da gibt es nicht mehr die Parallelität oder ein Hin- und Herspringen zwischen metaphorischer und nichtmetaphorischer Rede, sondern nur noch die eine Sprachebene: Der Mensch *ist* ein Tier; Tiere sprechen wie Menschen; »Bienenstöcke sind genauso kunstvoll organisiert und konstruiert wie unsere Städte«,[40] kurz: Alles, was sich über Tiere sagen läßt, läßt sich genauso über Menschen sagen, und umgekehrt gilt beinahe alles, was sich über Menschen sagen läßt, auch für Tiere

39 Das Manuskript dieses Buches lag schon beim Verlag, als die deutsche Übersetzung von John Grays Buch *Straw Dogs. In Humans and Other Animals* unter dem Titel *Von Menschen und anderen Tieren. Abschied vom Humanismus* im Frühjahr 2010 auf deutsch erschien. Die in Rezensionen in der *Frankfurter Allgemeinen Zeitung* und in *der Süddeutschen Zeitung* sowie die in einem Interview im *Spiegel* begonnene Diskussion geben Anlaß, die Kernthese Grays zu betrachten – unter der auch auf sein Buch zutreffenden Überschrift »Dogmatische Ansätze: die Naturalisierung des Menschen«.

40 John Gray, *Straw Dogs. On Humans and Other Animals*, London 2002; deutsch: *Von Menschen und anderen Tieren. Abschied vom Humanismus*, Stuttgart 2010, S. 31.

(nur ein paar Fehler bleiben für den Menschen reserviert und kommen im Tierreich nicht vor).

Superaffirmativ ist dieser Naturalismus, weil er den Naturwissenschaften (in einem von keinerlei methodologischen Regeln eingeschränkten, kumulativen Wachstum) ohne jede Begründung die einzige Autorität unter allen Erkenntnisformen, ja unter allen kulturgeschichtlichen Entwicklungen zuschreibt; fundamentalistische Selbstverständnisse der Naturwissenschaften werden gleichwohl abgelehnt, im Zuge einer durchgängigen Skepsis gegenüber jeder Form der Vernunft. Und superdogmatisch naturalistisch ist der Bezug auf Charles Darwin. Diesen dürfte Gray aber wohl kaum gelesen haben – man vergleiche oben, wie Darwin den Unterschied von Mensch und Tier (Moral, Ethik, Gewissen, Wissenschaft) hervorhebt, während Gray nur sieht: »Charles Darwin hat gezeigt, daß wir Tiere sind.«[41] Aus seiner Sicht ist selbst die Ethik tierlich: »Wer nach dem Ursprung unserer Ethik sucht, sollte das Leben anderer Tiere betrachten. Ethik wurzelt in den Tugenden der Tiere.«[42]

Man mag die Skepsis teilen, die Gray gegenüber den Fähigkeiten einer Spezies Mensch hegt, ökologisch und ökonomisch »vernünftig« zu handeln und die eigene Zukunft zu gestalten; seine Kritik der philosophischen Tradition ist anregend; seine Lesart hochgeschätzter Glaubenssätze gegen den Strich kann man goutieren; aber immer, und das hat Gray wohl nicht reflektiert, wird man ihn für das verantwortlich machen, was er schreibt, so, wie er die kritisierten Autoren verantwortlich macht für das, was sie geschrieben haben. Der Mensch ist also als verantwortlicher Adressat von Fragen und Kritik vom Tier verschieden, was für Gray als Autor und als Adressat ebenfalls gilt.

41 Ebd., S. 12.
42 Ebd., S. 125.

Wer mit einem Buch einen »Angriff auf die unreflektierten Überzeugungen reflektierter Zeitgenossen«[43] führt, sollte sich in acht nehmen, daß ihm für genau dieses Unternehmen nicht selbst Unreflektiertheit nachgewiesen wird. Einen Hinweis, inwiefern dieses ganze Unternehmen tatsächlich unreflektiert ist, gibt Gray selbst in seinem Schlußwort »Sehen, was ist«: »Andere Tiere brauchen kein Lebensziel. Das Tier Mensch kommt, da es im Widerstreit mit dem eigenen Wesen lebt, nicht ohne ein solches Ziel aus. Könnte es nicht darin bestehen, einfach zu sehen, was ist?«

Könnte, so möchte man Gray fragen, nicht *sein* Ziel darin bestehen, einfach zu sehen, daß neben dem, »Was ist«, er selbst nicht ohne ein »Was soll geschehen?« auskommt, wenn er zu sehen glaubt, was ist? Die Naturwissenschaft, die ihm Autorität ist und die den Menschen als Teil der Natur zu fassen verspricht, in voller Entanthropomorphisierung, ist nun einmal von Menschen gemacht, nicht von Tieren; und diesen öffentlichen Unterschied von Mensch und Tier in der Alltagssprache muß Gray beibehalten, sonst hätte er gar keine These.

Wer die Häufungen der negativen Existenzbehauptungen Grays zählt, wird auch den durchgängig deskriptiven Habitus seiner Aufforderungen zum Umdenken bemerken. Wie also kommt er dann um den Anspruch herum, daß seine Ausführungen, da beschreibend (»Sehen, was ist!«), wahr sind? Und wie kann er seinen Anspruch auf Wahrheit anders erheben, als ihn tatsächlich selbst zu erheben und nicht als Naturgeschehen, nicht als Teil der Natur mißzuverstehen? Nein, das Buch ist die gänzlich unreflektierte Überzeugung eines reflektierenden Zeitgenossen. Es löst das Feyerabendsche Prinzip »Anything goes« von der antimetho-

43 Ebd., S. 11.

dologischen Maxime ab und macht es zum alleinigen Prinzip einer Textgattung, die als kohärent und konsistent lesen zu wollen schon das zu überwindende alte Denken darstellt.

Man mag Gray darin folgen, die Ablösung der Religionen durch einen liberalen Humanismus zu beklagen, der wie die Religionen eschatologische Ideale verfolgt und Formen des Aberglaubens pflegt. Aber Gray eskamotiert sich mit dem Konzept »Mensch als Tier als Teil der Natur« selbst aus der menschlichen Rolle eines Sprechers und sprechenden Buchautors heraus, ohne sie konsequent zu meiden. Wahrscheinlich lebt er als englischer Professor ebenso wie sein deutscher Kollege ganz gut, bewegt sich als beinahe normaler Bürger unter beinahe normalen Bürgern, nützt Nahrungs- und Genußmittel sowie Industrieprodukte wie jeder Zeitgenosse, liest Zeitungen, telefoniert und verläßt sich überhaupt gern und erfolgreich auf die Alltagspraxis heutiger Kulturhöhe. Wenn man dann aber, ohne Aberglauben und ohne das Versprechen, die (demokratische, liberale, vernünftige) Zukunft werde besser sein als die Vergangenheit, einfach die tatsächliche Praxis bedenkt, in der sich Menschen gegenseitig verantwortlich machen, also Antworten einfordern und geben darüber, was sie tun, dann »gibt es« eine Menschlichkeit, die nicht auch als Tierlichkeit »existiert«.

Wer nur die Frage stellen und verstehen kann, »was ist?« und dabei borniert auf naturwissenschaftliche Beispiele außerhalb ihres zweckmäßigen Kontextes starrt (etwa: die Spezies Mensch existiere nur als Intermezzo einer Gendrift) und wer eine Weltsicht propagieren möchte, »die dem Menschen keine zentrale Position zuweist«,[44] übersieht eben auch die Bedingungen, die ihm diese Borniertheit ermöglichen. »Menschlich« oder latei-

44 Ebd., S. 9.

nisch »human« ist eine tatsächlich bestehende Lebensform unserer Kulturhöhe, die nicht dadurch »nicht-existent« wird, daß es Verbrecher, Dummköpfe oder unreflektierte Überzeugungen von Dogmatikern wie Gray gibt. Auch Gray kommt, ungeachtet seines intendierten Deskriptivismus, nicht allein mit Beschreibungen und nicht ohne Zuschreibungen aus – deshalb wenden wir uns wieder einer humanen kultürlichen Praxis zu.

3 Auflösung des Mißverständnisses

Im Alltag, in den Wissenschaften und in der Philosophie ist es seit unvordenklichen Zeiten eine allgemein geübte und vertraute Praxis, Beschreibungen und Zuschreibungen vorzunehmen und zu unterscheiden. Im heutigen Alltag beschreiben wir zum Beispiel einen Weg, ein Bild, eine Reise und vieles andere mehr, während wir beim Zuschreiben, synonym Zurechnen, Zusprechen oder Zuerkennen, einer Person eine Leistung oder eine Fehlleistung als Verdienst oder Verschulden mit Anerkennung oder Mißachtung, mit Lob oder Tadel, mit Belohnung oder Bestrafung vergelten; da die Wörter Leistung und Fehlleistung mit einer üblichen Zweideutigkeit (wie beim Wort »Arbeit« als Tätigkeit und als Produkt) sowohl einen Vorgang als auch dessen Ergebnis meinen, werden also auch Ergebnisse von Leistungen oder Fehlleistungen zugeschrieben. Man denke etwa an den Kauf eines Autos, das der Käufer durch Bezahlung in sein Eigentum bringt; mietet er den Wagen nur, ist er nicht Eigentümer, sondern Besitzer. Eigentum und Besitz sind also Beispiele dafür, daß sich auch Ergebnisse von Leistungen wie die Leistungen selbst einer Person oder Personengruppe *zuschreiben* lassen

In den Wissenschaften ist ebenfalls das Beschreiben vom Zuschreiben klar unterschieden. Während das Beschreiben etwa die fachwissenschaftlichen Aussagen über den jeweiligen Gegenstand wie das Sonnensystem in der Astronomie, das Verhalten in der Psychologie, Reaktionen in der Chemie usw. betreffen, die in den Naturwissenschaften mit dem Anspruch auf eine personenunabhängige Geltung verknüpft sind, werden (etwa Forschungs-) Leistungen zugeschrieben und für einzelne Urheber mit Karriere, Geld oder Ehre honoriert, indem zum Beispiel neuentdeckte

Sterne, Pflanzen- oder Tierarten, Naturgesetze oder physikalische Effekte nach dem Urheber oder Entdecker benannt werden.

In einer als Reflexionsdisziplin betriebenen, wissenschaftlichen Philosophie, die im Unterschied zu den empirischen oder hermeneutischen Realwissenschaften primär mit der Reflexion auf menschliche Praxen (Handeln und Reden) und auf Normen, Regeln und Kriterien befaßt ist, spielen die Beschreibungen gegenüber den Zuschreibungen eine weniger wichtige Rolle. Da machen bestenfalls rein philologisch arbeitende Philosophiehistoriker eine Ausnahme. Beschreibungen sind nur dort unverzichtbar, wo vom bisherigen Gang einer Diskussion, von den Thesen eines Autors wie Darwin, vom Gang der Natur- oder der Geisteswissenschaften, von der Philosophiegeschichte im Sinne des Geschehens und ähnlichen Gegenstandsbereichen berichtet wird. Das Zuschreiben betrifft dagegen, wie in den Realwissenschaften, in erster Linie die Autorenschaft für Texte, Einfälle, schulmäßige Orientierungen usw.

In allen drei Bereichen, dem Alltagsleben, den Wissenschaften und der Philosophie können sowohl für das Beschreiben wie das Zuschreiben Zweifel und Zustimmungsprobleme auftauchen. Bei den Beschreibungen geht es um die Geltung und die Methoden ihrer Prüfung auf wahr und falsch. Bei den Zuschreibungen dagegen spielen Wirkungen und Nebenwirkungen menschlicher Handlungen eine wichtige Rolle, wie sie etwa bei Summeneffekten menschlicher Handlungen (zum Beispiel dem Stau auf der Autobahn) oder bei unbeabsichtigten, aber unvermeidbaren Nebenwirkungen (zum Beispiel der Emission von Abgasen beim Autofahren) vorkommen.

Dieses Kapitel soll *in einem ersten Abschnitt* klären, was unter »Beschreiben« und »Zuschreiben« genau zu verstehen ist. Damit wird insbesondere dem Mißverständnis entgegenzutreten sein, daß zwar Beschreibungen als solche immer durch den beschriebenen Gegenstand als einer externen Instanz wahr oder falsch werden und damit wenigstens prinzipiell rationaler Kontrolle unterliegen, daß aber das Zuschreiben (im weiteren immer synonym mit: Zusprechen, Zurechnen, Zuerkennen) als beliebiger, geradezu als Geschmacksentscheidungen vollzogener Akt aufgefaßt wird. Ob man Tieren Geist, Seele, Selbstbewußtsein oder ähnliches zuschreibt, scheint den beliebigen Meinungsbekundungen von Autoren überlassen. Dabei sollten nach Möglichkeit in den Wissenschaften wie in der Philosophie solche Zuschreibungen mit Gründen versehen werden. Denn sie können nach gängigem Verständnis nicht wahr oder falsch sein. Das »Zuschreiben« wird dort, pointiert gesagt, als Beschreiben mit Begründungsverzicht praktiziert. Umgekehrt ist dann auch das Risiko groß, das Zuschreiben einfach »Beschreiben« zu nennen, um sich dadurch für Zuschreibungen den Status des Prüfbaren, empirisch Gültigen zu erschleichen. Diese Mißverständnisse also sind zu überwinden.

Was zunächst aussieht wie eine terminologische Klärung zweier Begriffe, die man bezüglich des Mensch-Tier-Verhältnisses einer Methodenlehre von Biologie und Psychologie zurechnen könnte, darf seinerseits nicht bloß auf einer beliebigen definitorischen Setzung beruhen, sozusagen als Verschiebung der Beliebigkeit von der Objektebene auf die Ebene der Metasprache. Im Blick auf den Grundkonflikt zwischen theoretischer und ethischer Aufklärung, zwischen Entmythisierung des Menschen und Entmythisierung der Natur geht es vielmehr um *Kriterien für die Angemessenheit von Beschreibungen und Zuschreibungen* und damit selbstverständlich um die Angemessenheit der Definitionen für diese beiden Wörter. Mit anderen Worten: Begriffsklärungen und terminologische Normierung von »Beschreiben«

und »Zuschreiben« sind in ihren Prämissen und Ergebnissen ihrerseits zu rechtfertigen.

Dies wird *im zweiten Abschnitt dieses Kapitels* auf dem Gebiet der Handlungstheorie geschehen, die an Beispielen aus dem Alltagsleben mit einigen elementaren Unterscheidungen vorgestellt wird. Handeln im Unterschied zum natürlichen Verhalten ist nicht angeboren, sondern muß unter den jeweiligen Bedingungen in Gemeinschaften erlernt werden. Es zeigt sich damit als hochgradig kulturabhängig.

Handlungen rücken ins Zentrum einer gerechtfertigten Rede von Beschreibungen und Zuschreibungen, weil sie ihrerseits beschrieben bzw. zugeschrieben werden, und zwar unverzichtbarerweise, wenn man Maß nimmt an der Kulturhöhe alltäglicher Praxis und alltäglicher, wissenschaftlicher und philosophischer Kommunikation.

Mit der Betrachtung des Sprechens als Kommunizieren und des Kommunizierens als Handeln werden Zwecke bestimmbar, wonach Menschen nicht nur kommunizieren, um Kooperationen (vom alltäglichen Haushalten bis zur Arbeitsteilung in Wirtschaft und Wissenschaft) zu organisieren. Redend stellen wir auch *Beziehungen zwischen Menschen* her. Beispiele sind: Loben und Tadeln, Versprechen geben, Verträge schließen, Beleidigungen und Komplimente aussprechen, Liebeserklärungen und Flüche abgeben usw. Hinzu kommen nichtsprachliche Beziehungshandlungen wie Beschenken und Bestehlen, Heilen und Verletzen, Liebkosen und Schlagen, ja sogar Töten und Leben retten. Zuschreibungen erweisen sich als verschieden von Beschreibungen, weil sie als Zuschreibungen anders zu begründen sind: Sie beruhen generell auf Beziehungshandlungen; die Art dieses »Beruhens auf« ist zu erläutern.

Erst damit kann *im dritten Abschnitt dieses Kapitels* von den verschiedenen Formen des Umgangs gesprochen werden, die der Mensch mit dem Tier übt. Gleichsam in einer Skala, entsprechend der Distanz zwischen Mensch und Tier, läßt sich die naturwissenschaftliche Beobachtung freilebender Tiere unter kunstvoll minimierter Störung des Beobachteten als das eine Extrem annehmen, dem als das andere Extrem ein enges Zusammenleben mit einem Partnertier wie einem Hund gegenübersteht. Dazwischen liegen einerseits die Tiere, die naturwissenschaftlich im Labor erforscht werden, andererseits die Nutztiere, die bestimmte Hilfsdienste leisten sollen, etwa der Lawinenspürhund oder der Hütehund des Schäfers, der Falke des Falkners und die Gänse auf dem Capitol. Davon wiederum sind zu unterscheiden einerseits das Tier im Zoo und das Tier im Zirkus, andererseits das Nutztier als Lieferant von Wolle oder Daunen und schließlich das Tier, das getötet werden muß, damit es Fleisch, Häute und andere zum Verbrauch bestimmte Stoffe liefert. Nur vor dem Hintergrund einer sorgfältigen Unterscheidung, zu welchen Zwecken und in welcher Form der Mensch mit dem Tier umgeht, läßt sich begründet sagen, ob der Mensch dabei das Tier lediglich beschreibt oder ihm etwas zuschreibt; und da Tieren wegen der Bindung des Zuschreibens an wechselseitige Verantwortung im strengen Sinne prinzipiell nichts zugeschrieben werden kann, welche Rolle spielen dann die unvermeidlichen und ungefährlichen metaphorischen Zuschreibungen etwa für Partnertiere?

Nach diesen drei Abschnitten wird *in einem vierten Abschnitt* ein philosophisches Fazit aus dem Erreichten zu ziehen sein. Mit einem Rückgriff auf Aristoteles, der seine Unterscheidung von natürlich und künstlich (technisch) als Unterscheidung lediglich von Aspekten vorgeschlagen hat, die zugleich am selben Gegenstand vorgefunden werden können, wird sich der Gegensatz beschreiben/zuschreiben als ein solcher von Aspekten erweisen. Sie geraten zueinander weder in einen logischen noch einen empirischen noch einen moralischen noch einen rechtlichen Widerspruch. So, wie man eine Handlung zutreffend beschreiben und zugleich einem Akteur zutreffend zuschreiben kann, so werden wir eine Lösung anbieten, die in der Evolutionsbiologie von Darwin bis zu den heutigen Ethologen und den Tierphilosophen brauchbar ist. Sie heiße, einem Bedürfnis der Analytischen Philosophie nach -ismen entgegenkommend, »Methodischer Kompatibilismus«.

Mit diesem Ansatz wird sich die *Vermenschlichung von Tieren als Kategorienfehler* herausstellen, der zudem in seinen Erkenntnisinteressen nicht nur leicht durchschaubar ist, sondern auch ein für Lebenspraxis, Wissenschaft und Philosophie überflüssiges und den Naturwissenschaften prinzipiell unzugängliches Unternehmen betrifft. Der zu erwartende, weil die bisherige Diskussion der Evolutionsbiologie bestimmende »Ja, aber!«-Einwand, daß doch dann der *qualitative Umschlag vom bloß beschriebenen Tier* zum *zuschreibenden und zugeschriebenen Menschen* naturgeschichtlich datiert und kausal erklärt werden muß, läßt sich methodisch-kompatibel entkräften. Hier ist also ein wissenschaftstheoretisches Argument zur Evolutionsbiologie zu liefern.

3.1 Beschreiben und Zuschreiben

Beginnen wir mit einem alltäglichen Beispiel: Eine Kaffeetasse kann sowohl beschrieben als auch einer Person als Besitz oder Eigentum zugeschrieben werden. Der Leser möge an eine ganz konkrete einzelne Kaffeetasse denken. Diese kann auf vielfältige Weise beschrieben werden, im alltäglichen wie im naturwissenschaftlichen Sinne. Farbe, Form, Größe, Bemalung usw. werden nach den Üblichkeiten der Alltagssprache behauptet. Solche Behauptungen können wahr oder falsch sein. Dies hängt von allerlei Kriterien ab, insbesondere wenn Bezeichnungen auftauchen wie Kaffee- oder Tee-, Mokka- oder Suppentasse, die auf den Verwendungszweck anspielen. Im Alltagsleben regeln die Zusammenhänge, derentwegen man über die Tasse spricht, die Geltung solcher Beschreibungen.

In bezug auf naturwissenschaftliche Beschreibungen, die etwa auf Messungen, chemischen Analysen, physikalischen Experimenten und ähnlichem beruhen, gibt es selbstverständlich andere Kriterien und Methoden, um eine Beschreibung als wahr oder falsch zu beurteilen. Hier wird es wieder, wie oben im Zusammenhang der Betrachtung des Menschen als Stein, als Pflanze oder als Tier (vgl. dazu oben die Ausführungen zur Vertierlichung des Menschen, S. 75) darauf ankommen, *wozu* solche Beschreibungen gesucht oder gegeben werden. An den Zwecken ist über die Zweckmäßigkeit der angewandten Methoden zu entscheiden. Methoden sind Mittel für Zwecke.

Man sollte allerdings nicht übersehen, daß hier »Beschreiben« schon eine Bedeutung gewinnt, die sich speziell in den Naturwissenschaften abhebt vom alltäglichen Beschreiben. Denn Naturwissenschaftler, vor allem Physiker, sagen gern, daß ihre Theorien die Natur »beschreiben«. Diese Sprechweise ist in Verbindung mit neuen mathematischen Formen von Theorien Ende des 19. Jahrhunderts in der Physik üblich geworden. Unseres Wissens war der Physiker Gustav Robert Kirchhoff (1824-1877) der erste, der Differentialgleichungen als »Beschreibungen« naturgesetzlicher Verhältnisse von elektrischen Strömen in verzweigten Leitern oder von Emission und Absorption von Wärme- und Lichtstrahlung an Körpern bezeichnet hat. Hält man etwa die Beschreibung dagegen, die Goethe von seiner Italienreise gibt, wird der Unterschied deutlich: Wo der Dichter seine Erlebnisse und Beobachtungen in alltäglicher oder dichterisch überhöhter Sprache schildert, muß der Physiker für seine Beschreibungen eine Sprache verwenden, die ihren Sinn allein in den künstlich-technischen Verhältnissen seines Labors gewinnt. Alle physikalischen Größen sind an die von Menschen bezweckte Funktion der dafür verwendeten Instrumente gebunden. Das hat Folgen.

Die Beschreibung eines Gebäudes oder einer Landschaft durch Goethe ist nämlich in einem anderen Sinne wahr oder falsch als etwa die Kirchhoffschen Gesetze über Ströme in verzweigten Leitern. Deshalb ist auch nicht zu kritisieren, daß Naturwissenschaftler nicht gerne die Wörter wahr und falsch für ihre Ergebnisse und Theorien verwenden, sondern lieber von Modellen, Abbildungen oder ähnlichem sprechen. Damit kommt man zwar vom Regen in die Traufe, weil in der Wissenschaftsphilosophie gezeigt werden konnte, daß physikalische Theorien gerade keine Modelle[1] der Natur und keine Abbilder, auch keine partiellen Abbilder der Natur sind. Denn die Rede von Modellen oder Abbildern betrifft Relationen zwischen zwei kategorial gleichen Bereichen – wie dem Abbilden durch Photographie: Das Bild (Photo) und das Abgebildete werden mit denselben Wörtern beschrieben (das heißt »kategorial gleich«); der Physiker hat allerdings nur eine einzige, nämlich seine eigene, physikalische »Beschreibung« seiner Laborgegenstände, nicht noch eine zweite Beschreibung für seine Abbildung (Theorie, Modell), an der er eine Übereinstimmung mit der physikalischen Beschreibung prüfen könnte.

1 Genauer muß man hier »Modelle von etwas« und »Modelle für etwas« unterscheiden; erstere sind Typen von Abbildungen, letztere Typen von Anweisungen für einen Gebrauch.

Physikalische (auch chemische und teilweise biologische) Theorien sind deshalb eher vom Typ systematischer Vorschriften für Techniker und Experimentatoren, die im Labor Instrumente herstellen und Experimente betreiben, oder für Ingenieure, die entsprechende Theorien in technische Anwendungen umsetzen. Aber dies spielt für den Unterschied von Beschreiben und Zuschreiben keine Rolle, weil es nichts mit den Zuschreibungen beim Mensch-Tier-Verhältnis zu tun hat. Wir bleiben hier dennoch der Kürze halber bei der methodologisch fragwürdigen Bezeichnung »Beschreiben« durch Naturwissenschaftler.

Damit zurück zu unserer Kaffeetasse: Was immer die naturwissenschaftliche Beschreibung der Tasse liefert, die bis herab zu den einzelnen Molekülen und Atomen gehen kann und praktisch nicht an ein Ende kommt, sie wird doch nicht alles abdekken können: Sie wird nicht zeigen können, wem die Tasse gehört. Sie wird ohne Rückgriff auf nichtwissenschaftliche Umstände auch nicht zeigen können, wer die Tasse hergestellt hat. Sie wird nicht zeigen können, ob die Tasse gelungen, schön oder praktisch ist oder sonst irgendeine Qualität aufweist, die ein Ding nur im Rahmen zwischenmenschlicher Handlungen erwerben kann. Ob die Tasse gar ein Geschenk und daher für den Eigentümer ein besonderes Erinnerungsstück ist, ein treuer Begleiter durch nächtliche Arbeitsstunden am Schreibtisch oder ein unverzichtbares Kennzeichen des Institutsleiters bei seinen Gängen durchs Labor oder zum Kolloquium – all dies ist naturwissenschaftlichen Beschreibungen verschlossen, und zwar prinzipiell und für immer. Hier greifen nur Zuschreibungen.

Damit sind einige Beispiele für Zuschreibungen gegeben. Was ist ihr Charakteristikum?

Die simplen Beispiele lehren schon, daß Zuschreibungen auch falsch sein können, daß also die Tasse jemand anderem gehört, als behauptet, an jemand anderen erinnert, von einer anderen Person geschenkt oder sogar von jemand anderem hergestellt wurde, weil das Herstellerzeichen auf der Unterseite der Tasse gefälscht ist. Was aber soll es heißen, daß Zuschreibungen falsch sind? Und sollen dann die nicht-falschen »wahr« heißen?

Wir schlagen vor, Zuschreibungen nicht wahr bzw. falsch, sondern (1) *richtig* bzw. *verfehlt* zu nennen und von Beschreibungen dadurch zu unterscheiden, daß (2) in Zuschreibungen *wenigstens ein Personenname* oder *eine eindeutige Kennzeichnung einer Person* vorkommen muß und daß (3) die *Begründung oder Widerlegung einer Zuschreibung auf eine Beziehungshandlung zwischen Personen gestützt* wird. (Damit wird hier leider ein Vorgriff auf die im nächsten Abschnitt folgende Handlungstheorie unvermeidlich. »Beziehungshandlungen« heißen solche, die zwischen Menschen vollzogen werden und mit denen ein Mensch die Interessen, Wünsche, Abneigungen, Ansprüche, Rechte usw. eines anderen Menschen berührt, verletzt, befördert usw., die also eine Beziehung zwischen Akteur und Betroffenem herstellen.)

Trifft damit zu, wie soeben vorläufig und etwas leichtfertig formuliert wurde, daß Zuschreibungen wie Behauptungen sind, die nach üblicher Diktion wahr oder falsch (bzw. sinnlos oder unentscheidbar oder weiteres) sein können? Welche Form haben Zuschreibungen im Unterschied zu Beschreibungen?

Mit »Form einer Zuschreibung« ist nicht die grammatische, sondern die logische Form, genauer der Geltungstyp gemeint, weil es hier um Begründen und Widerlegen geht. Der einfache Satz »Die Tasse gehört mir« ist grammatisch nicht von Interesse. Logisch ist der Satz nur dann nicht mißverständlich, wenn die Person des Sprechers und die Situation als Bezug auf eine bestimmte Tasse zu einer bestimmten Zeit festliegen.

Das heißt, daß die Bedingung (2), wenigstens einen Personennamen oder eine eindeutige Kennzeichnung einer Person zu enthalten, in situationsabhängigen, weil mit Indikatoren (hinweisenden Wörtern: »diese« Tasse gehört »mir«) gebildeten Formulierungen durch einen weiteren, ausdrücklichen Satz situationsunabhängig gemacht werden muß. Der Satz, »Diese Tasse gehört mir«, muß also ergänzt werden durch einen weiteren Satz, der angibt, wer da wann von welcher konkreten, einzelnen Tasse spricht.

Ist damit gesagt, daß Zuschreibungen ebenso wie Beschreibungen *wahr oder falsch* sein können? Alltägliche Beispiele sprechen dagegen, weshalb oben eine andere Sprechweise vorgeschlagen wurde. Fingieren wir, daß in einem Kriminalfilm ein Augenzeuge vor Gericht aussagt: »X hat Y mit einer Eisenstange erschlagen.« Dies ist klarerweise eine Behauptung, mit der der Zeuge beschreibt, was er selbst gesehen hat. Sollte nun der Richter in seinem Urteil genau dieselbe Formulierung übernehmen, um sich dann den Umständen zuzuwenden, welche die Tat nach der Schwere der Schuld einzuschätzen erlauben, dann ist derselbe Satz, der *aus dem Mund des Zeugen eine Beschreibung* ist, *aus dem Mund des Richters eine Zuschreibung*. Denn der Richter macht den Angeklagten für eine Tat verantwortlich und erklärt ihn für schuldig. Kraft Amtes und Gesetz urteilt der Richter in Form einer Zuschreibung.

Nun kennen Laien wie Juristen den Begriff des *Fehlurteils*. Man spricht von einem krassen Fehlurteil, wenn X unschuldig ist. Die Zeugenaussage war falsch, Indizien sind unvollständig ermittelt oder gar gefälscht worden usw. Würde man in der Alltagssprache ein Fehlurteil vielleicht auch als falsches Urteil klassifizieren, so nennt man doch ein gerechtes Urteil nicht wahres Urteil. Die Alltagssprache ist eben ungenau und unzuverlässig, was auch die Rede vom wahren Freund und vom falschen Geldschein zeigt. In begrifflich disziplinierter Rede sollten *»wahr« und »falsch« auf Aussagen*, grammatisch gesprochen, auf Behauptungssätze *beschränkt* werden. Dabei sollte man immer im Auge behalten, daß Behauptungen außer wahr und falsch auch noch unsinnig, unbestimmt, unentscheidbar, unbeweisbar, unwiderlegbar und manches andere sein können (was übrigens der Urteilstheorie des oben erwähnten Tierphilosophen entgangen zu sein scheint).

Für Zuschreibungen muß ein anderes Wortpaar gefunden werden, das dem »wahr« und »falsch« der Beschreibungen entspricht und auch dort noch weitere Varianten vorsieht, in Analogie zu den Beschreibungen, die weder wahr noch falsch sind, sondern etwas anderes. Eine sparsame Diktion könnte etwa die Wörter »richtig« und »falsch« wählen, was aber zwei verschiedene Bedeutungen von falsch nach sich ziehen würde.

Der obige Vorschlag, *Zuschreibungen »verfehlt«* zu nennen, schließt sich an das übliche Wort »Fehlurteil« an. Sie sollen so heißen, wenn sie nicht richtig sind. »Richtig« ist etymologisch verwandt mit den Wörtern Recht und rechtens. Auch »berechtigt« läge nahe, wenn es nicht auch für die Zuerkennung von Zuständigkeiten im juristischen Sinne gebraucht würde. Wir wollen deshalb, wie oben schon vorgeschlagen, im folgenden *Zuschreibungen nur noch richtig bzw. verfehlt* nennen.

Das Gerichtsbeispiel zeigt, daß *Zuschreibungen von Beschreibungen abhängen* können. Eine falsche Zeugenaussage als falsche Beschreibung des Tathergangs führt zur verfehlten Zuschreibung. Die falsche Datierung eines Kunstwerks führt zur verfehlten Zuschreibung zu einem Künstler. Das heißt, *die Richtigkeit oder Verfehltheit von Zuschreibungen hängen ab von der Wahrheit bzw. Falschheit von Beschreibungen in behauptender Rede, sind aber selbst nicht wahr oder falsch*, sondern *richtig oder verfehlt.*

Umgekehrt können auch Beschreibungen in ihrer Wahrheit

von richtigen oder verfehlten Zuschreibungen abhängen. Die *Beschreibung* »X hat die Tasse t gestohlen« kann *falsch* sein, weil der Beschreibende sie *verfehlt* einem Y *zugeschrieben* hat, obwohl sie dem X gehört, also *richtig* dem X *zugeschrieben* wird.

Einen weiteren Zug haben Beschreibungen und Zuschreibungen wieder gemeinsam: Sie können vorläufig oder versuchsweise geäußert werden. Bei Beschreibungen spricht man von Ahnungen, Vermutungen und Meinungen als Vorstufen des Wissens.[2] Das läßt sich bestens auf das Zuschreiben übertragen, etwa wenn der Kriminalist bei der Suche nach einem Täter von seinem Bauchgefühl spricht, eine Tatbeteiligung vermutet oder sicher glaubt (»meint«), daß eine bestimmte Person der Täter ist, aber noch keine Beweise hat.

Es ist hilfreich, die Analogie von Beschreiben und Zuschreiben noch weiter zu treiben: Eine *Beschreibung* heiße *im strengen Sinne wahr*, wenn sie stichhaltig begründet werden kann. Dafür muß eine Argumentation vorgelegt werden, die nach den Standards einer Sprechergemeinschaft als stichhaltige Begründung oder in Einzelfällen sogar als Beweis gilt. Entsprechend muß das *richtige Zuschreiben durch eine Argumentation gestützt* werden. Hier kommt das unterscheidende Charakteristikum der Zuschreibung gegenüber dem Beschreiben ins Spiel: In dieser Argumentation muß *auf Beziehungshandlungen zwischen Personen rekurriert* werden. Es muß, anschaulich gesprochen, ausdrücklich gesagt werden, wer (das heißt welche Person oder Personengruppe) wem (welcher anderen Person oder Personengruppe) was zugefügt hat, sei es positiv oder negativ bewertet, und zwar primär bewertet

2 Vgl. Wolfram Hogrebe, *Ahnung und Erkenntnis*, Frankfurt am Main 1996, sowie Peter Janich, »Ahnung und Übung«, in: *Nicht-Propositionalität. Festschrift für Wolfram Hogrebe*, herausgeben von Joachim Bromand und Guido Kreis, im Druck.

durch den Zurechnenden. Hier, beim Zufügen von Schaden oder Nutzen durch eine Person (oder Personengruppe) zu einer anderen Person (oder Personengruppe) und nur hier zeigt sich *der wichtigste Unterschied zwischen Zuschreiben und Beschreiben. Nur für Zugeschriebenes kann man verantwortlich gemacht werden, nicht aber allein aufgrund einer Beschreibung.* Das ist der Unterschied, der bisher zur Kritik an Darwin, an der aktuellen Evolutionsbiologie und an Tierphilosophien herangezogen wurde.

Zuschreibungen sind definitionsgemäß an Bedingungen geknüpft. Sie schließen zum Beispiel aus, einen Hundebiß einem Hund *zuzuschreiben*, während es sehr wohl eine Zuschreibung ist, daß ein Mensch einen anderen gebissen hat. Die Bedingung war klar formuliert: Es muß *um Personen* gehen, also *um Menschen, die bestimmte Minimal-Fähigkeiten haben*, also hinreichend erwachsen, gesund, wach usw. sind, im Unterschied zu Säuglingen, Dementen, Komapatienten. Der Menschenbiß ist eine Beziehungshandlung, während der Hundebiß überhaupt keine Handlung ist. Dieser Unterschied läßt sich also auch am Handlungsbegriff fassen, der im folgenden bestimmt werden soll. Denn nur Handlungen werden zugerechnet, nicht aber Naturereignisse. Der Handlungsbegriff wird unter anderem so festgelegt, daß die Lerngeschichte eines Menschen es erlaubt, den Lernenden bei hinreichendem Lernerfolg als Person zu bezeichnen.

Als Erläuterung des Handlungsbegriffs sei die Bedingung genannt, daß das Geschäft des Zuschreibens und seine Begründung über Beziehungshandlungen an *Bedingungen der Symmetrie zwischen allen Beteiligten, genauer den Akteuren und den Betroffenen der Beziehungshandlungen sowie der Akteure und Adressaten des Zuschreibens gebunden ist. Gleiche Rechte und gleiche Pflichten unter den Mitgliedern eines Handlungsgemeinschaft* sind das Prinzip, zu deutsch also der Anfang, von dem aus Handlungen, Beziehungshandlungen und Zuschreibungen als Fachausdrücke dieser Debatte (»terminologisch«) eingegrenzt werden. Bei der folgenden handlungstheoretischen Erläuterung werden diese Symmetriebedingungen in der Form eine Rolle spielen, daß sinnvoll nur unter symmetrischen Verhältnissen von Verantwortung die Rede sein kann. Nur wo (im Idealfall) eine Person eine andere auffordern kann, Antwort zu geben bezüglich der eigenen Handlungen, wo also im Sinne der Symmetrie die Bereitschaft zum Geben und Nehmen von Antworten etwa über Gründe und Ziele des eigenen Handelns besteht, kommen Beziehungshandlungen und Zuschreibungen vor.

Wir schließen diese terminologischen Überlegungen mit dem Hinweis ab, daß (neben der Abhängigkeit des richtigen Zuschreibens von der Wahrheit vorausgehender Beschreibungen) das *Zuschreiben selbst eine Beziehungshandlung* ist. Denn eine Person per Zuschreibung zum Akteur einer Handlung zu erklären macht sie verantwortlich für die Tat und ihre Folgen. Das ist in sprachlicher Form, was in nichtsprachlichen Zuschreibungen etwa durch eine direkte Belohnung oder Bestrafung, durch nichtsprachliche Anerkennung oder Abwendung, Bewunderung und Verachtung und dergleichen zwischen Menschen vorkommt.

3.2 Menschliches Handeln

Mehrfach war bereits im Vorgriff von »Beziehungshandlungen« die Rede, und beiläufig ist auch Handeln vom »bloßen Verhalten« unterschieden worden. Diese Sprechweisen sind nun im Rahmen einer kleinen Handlungstheorie zu erläutern.

Handlungstheorien gibt es zahlreiche. Sie verdanken sich sehr verschiedenen Zwecken und nehmen deshalb auch verschiedene

Inhalte und Formen an. Die im folgenden zu entwickelnden Unterscheidungen stammen aus sprachphilosophischen, wissenschaftstheoretischen und ethischen Überlegungen:[3] Einerseits hatte der *linguistic turn* in der Philosophie und speziell in der Wissenschaftstheorie seiner Herkunft und Geschichte nach zwar nachdrücklich die Sprachabhängigkeit vor allem der Naturwissenschaften betont, war aber historisch andererseits einer Beschränkung auf das Analysieren und Beschreiben faktischer Sprachgebräuche anheimgefallen. Die den *linguistic turn* motivierende und für einige Zeit tragende Unterscheidungsabsicht zwischen Scheinproblemen, die sich einer Verselbständigung und eines gelegentlichen Mißbrauchs der Sprache verdanken, und inhaltlichen oder echten Problemen der Erkenntnis in den Wissenschaften ging so verloren. Lediglich in konstruktiven und methodischen Varianten ist Sprachphilosophie als Lehre wissenschaftlicher Begriffs- und Theoriebildung unter normativen Vorzeichen betrieben worden.

Im Methodischen Konstruktivismus der Erlanger Schule mit dem schulbildenden Lehrbuch *Logische Propädeutik. Vorschule des vernünftigen Redens* von Wilhelm Kamlah und Paul Lorenzen[4]

3 Ein wichtiger Vorläufer methodischer Handlungstheorien ist Georg Henrik v. Wright, insbesondere mit seinen Büchern *Norm and Action. A Logical Enquiry* (London/New York 1963; dt. *Norm und Handlung*, Königstein 1979) und *Explanation and Understanding* (Ithaca/London 1971; dt. *Erklären und Verstehen*, Frankfurt am Main 1974) sowie später Paul Lorenzen/Oswald Schwemmer, *Konstruktive Logik, Ethik und Wissenschaftstheorie*, Mannheim/Wien/Zürich 2. Aufl. 1975; *Methodischer Kulturalismus. Zwischen Naturalismus und Postmoderne*, herausgegeben von Dirk Hartmann und Peter Janich, Frankfurt am Main 1996; dies., *Die Kulturalistische Wende. Zur Orientierung des philosophischen Selbstverständnisses*, Frankfurt am Main 1998; Peter Janich, *Logisch-pragmatische Propädeutik*, Weilerswist 2001

4 Wilhelm Kamlah/Paul Lorenzen, *Logische Propädeutik. Vorschule des vernünftigen Redens*, 2. Auflage, Mannheim/Wien/Zürich 1973.

wurden terminologische Verfahren zur Normierung wissenschaftlicher und philosophischer Sprache vorgeschlagen und zugleich dem sprachlichen Wildwuchs der philosophischen, der geisteswissenschaftlichen und der naturwissenschaftlichen Tradition der Kampf angesagt. Eine Reihe vermeintlicher philosophischer Probleme ließ sich durch eine methodische Rekonstruktion der sprachlichen Mittel lösen oder verschwand einfach als Scheinproblem.[5]

Allerdings hatte diese Revision faktischer Sprachgebräuche in der frühen Erlanger Schule ein pragmatisches Defizit, das die Autoren selbst bemerkten, sobald sie sich der praktischen Philosophie (Moralphilosophie, Ethik) zuwandten. Deshalb sollte nach dem *linguistic* auch ein *pragmatic turn* eingeleitet werden, der aber in Erlangen und Konstanz auf die Grundbegriffe einer Handlungstheorie als Teil der Ethik und eventuell der Geistes- und Sozialwissenschaften beschränkt blieb.[6] Erst unter den Philosophen, die in Marburg die Tradition des Methodischen Denkens fortgeführt haben, wurde neben dem disziplinierten Sprechen über das Handeln nun umgekehrt *Sprechen als Handeln* zum Gegenstand einer logisch-pragmatischen Propädeutik.[7] Sprachphilosophie als Teil der Handlungstheorie lautete das neuere Programm, das Sprechen als verantwortungspflichtiges Kommunizieren und als Teil und Mittel des Kooperierens handlungstheoretisch einzuholen bemüht war. Dadurch sollte insbesondere auch der Bereich des außerwissenschaftlichen Sprechens abgedeckt werden, wo die Erlanger Sprachphilosophie, als Teil eines

5 Ein Beispiel für Scheinprobleme, die durch Sprachdisziplin verschwinden, bieten die Reflexionstermini, thematisch hier insbesondere der Gebrauch des Wortes »Mensch« (vgl. unten S. 147).

6 Vgl. die in Anmerkung 3 genannten Titel.

7 Peter Janich, *Logisch-pragmatische Propädeutik*, Weilerswist 2001.

Erbes der Phänomenologie, nur die Wissenschaftssprache auf der Grundlage einer selbst philosophisch nicht mehr hintergehbaren Lebenswelt betraf. So viel zum philosophiehistorischen Hintergrund.

Handeln wird dem Handelnden (Akteur) von anderen Mitgliedern einer Gemeinschaft als Verdienst oder Verschulden zugeschrieben (synonym: zugerechnet, zugesprochen, zuerkannt). Der Handelnde wird für sein Handeln verantwortlich gemacht, speziell auch für sprachliches Handeln.

Eine erste Unterscheidungsabsicht betrifft den Gegensatz von *Handeln* und bloßem oder natürlichem *Verhalten*. Hier wird »Verhalten« mit dem Zusatz »bloß« oder »natürlich« versehen, weil im Deutschen das Wort »Verhalten« zweideutig ist. Es bezeichnet einerseits natürliches, naturgesetzliches oder kausales Geschehen, wie es etwa in der Frage vorkommt, wie sich ein Kupferdraht bei Erwärmen »verhält«. Andererseits wird mit »Verhalten« auch eine *Handlungsweise* bezeichnet, die nur im Rahmen der Üblichkeiten menschlicher Praxen vorkommen. Abkürzend und erläuternd wird gerne gesagt, dies entspräche im Englischen etwa dem Gegensatz von *behaviour* und *conduct*, aber diese Erläuterung trägt selbstverständlich nur so weit, wie sich nicht – etwa in der Psychologie – ein Behaviourismus breitmacht, der programmatisch das menschliche Handeln nicht von natürlichen oder naturgesetzlichen Geschehnissen unterscheiden möchte, sondern seine kausale Erklärbarkeit a priori behauptet oder als Naturalisierungsprogramm dogmatisch setzt.[8]

8 Ein Marburger Psychologieprofessor, mit dem ich mehrere Seminare gemeinsam veranstaltet habe, vertrat lange die behavioristische Position, den Unterschied zwischen Handeln und Verhalten nicht zu »verstehen«. Da er, wie ich, einen Hund hatte und wir oft über Experimente mit Tieren diskutierten, fragte ich, ob dieser Hund unterscheiden könne, ob man ihn

Tatsache ist jedoch, daß in unserer Kultur ein Naturgeschehen vom Handeln moralisch und rechtlich unterschieden wird, und zwar tatsächlich in der Alltagspraxis, und rechtlich bindend für alle Bürger eines Staates. Darauf wurde in diesem Buch einleitend mit vielen Beispielen hingewiesen. Kein Mensch kann oder muß ein natürliches Geschehen erlernen, etwa gezeugt und geboren zu werden, zu wachsen, Stoffwechsel zu haben, zu altern, oder ein bloßes Verhalten wie erschrecken, stolpern, niesen, in Reflexen reagieren und vieles andere zu zeigen. Dies alles geschieht »natürlich«, das heißt von selbst. Dagegen muß der Mensch schon eine Fülle unterschiedlicher Bewegungen lernen, wie aufstehen, gehen, laufen, später schwimmen, radfahren, aus einem Becher trinken, mit Besteck essen, tanzen, und dann die höheren Kulturbewegungen wie schreiben, zeichnen, musizieren und vieles mehr.

Unter Rückgriff auf die antike Einteilung des Handelns in *Kinesis* (Bewegungshandlungen), *Poiesis* (Herstellungshandlungen) und *Praxis* (Beziehungshandlungen) kommen zu den soeben erwähnten kinetischen Handlungen die poietischen hinzu, bei denen im handwerklichen Sinne etwas hergestellt wird. Eine kinetische Handlung ist dann zugleich eine poietische, wenn sie den Zweck verfolgt, dingliche Mittel für Anschlußhandlungen zu produzieren. Wer also eine Mahlzeit zubereitet, seinen Schreibtisch aufräumt, ein Möbelstück schreinert usw., tut dies nicht dieser Handlungen selbst wegen, sondern um die Produkte dieser Handlungen als Mittel für weitere Handlungen verfügbar zu haben.

absichtlich mit dem Fuß tritt oder nur versehentlich über ihn stolpert. »Selbstverständlich«, war die Antwort. Damit erübrigte sich die peinliche Frage, warum der Hund eines Professors eine Unterscheidung machen kann, die diesem unverstehbar ist: Als Auskunft über den eigenen Hund war sie ja bereits angenommen.

Die dritte Gruppe der praktischen Handlungen betrifft unter Anspielung auf den Poiesis-Praxis-Unterschied die Handlungen, von denen menschliche Adressaten betroffen sind. Jemanden beschenken oder bestehlen, heilen oder verletzen, liebkosen oder schlagen usw. sind solche, im übrigen nichtsprachliche praktische Handlungen. Loben und tadeln, beleidigen und komplimentieren, ehren und schmähen sind dagegen sprachliche praktische Handlungen. Sie alle mögen Beziehungshandlungen heißen.

In Rekonstruktion der Unterscheidungen, die tatsächlich im täglichen Leben, in den Wissenschaften und in der Philosophie eine erhebliche Rolle spielen, werden den Handlungen im Unterschied zum (bloßen, natürlichen) Verhalten terminologisch folgende Erläuterungen zur Seite gestellt:

- Handlungen sind auf Zwecke gerichtet. Das heißt, sie dienen dem Herbeiführen, dem Aufrechterhalten oder Vermeiden von Sachverhalten. Bezweckte Sachverhalte werden durch Aussagen dargestellt.
- Handlungen sind Mittel, Zwecke zu verfolgen und zu realisieren. Zwecke sind noch nicht realisierte, in der Zukunft liegende Sachverhalte. Zweckmäßiges Handeln ist also nur solchen Wesen zugänglich, die kontrafaktisch künftige Sachverhalte antizipieren können. Diese Antizipation des noch nicht Bestehenden, aber Angestrebten muß im Zweifel sprachlich geschehen können.[9]
- Zu Handlungen kann man sinnvoll auffordern, zu bloßem Verhalten nicht.
- Handlungen können unterlassen werden, bloßes Verhalten nicht.

9 Die Antizipation der Flugbahn eines Beutetiers durch einen Raubvogel ist Gegenstand einer Beschreibung durch einen zweckrationalen Biologen.

– Handlungen können gelingen und mißlingen, bloßes Verhalten nicht. Gelingen und Mißlingen kann an der Absicht des Handelnden, bei geregelten Handlungen (Spielregeln, Sportregeln) aber auch an der Regelbefolgung bestimmt werden.
– Handlungen können Erfolg oder Mißerfolg haben, das heißt, ihren Zweck erreichen oder verfehlen, bloßes Verhalten nicht.
– Handlungen werden »vollzogen«. Handlungsschemata werden »aktualisiert«. Zwecke werden »realisiert«.

Die Unterscheidung der Wortpaare gelingen/mißlingen und Erfolg/Mißerfolg ist erforderlich, weil selbst gelungene Handlungen erfolglos bleiben können, etwa, wenn ein äußeres Ereignis zwischen den Handlungsvollzug und die erwartete Handlungsfolge tritt. Dieses äußere Ereignis kann entweder natürlich oder eine Handlung eines anderen Agenten sein.

Eine hauptsächliche Unterscheidungsabsicht betrifft also den Gegensatz von Handeln und bloßem Verhalten. Eine zweite Unterscheidungsabsicht richtet sich auf den Gegensatz von *Handeln und Widerfahren*. So widerfährt es dem Menschen, wenn ein störendes Ereignis zwischen eine gelungene Handlung und den erhofften, aber verfehlten Erfolg tritt. Allgemein: Erfolg und Mißerfolg sind Widerfahrnisse, die sich am Handeln einstellen. Ja sogar das Gelingen und Mißlingen widerfährt einem Akteur, wenn er die Handlung nicht genau so vollzieht wie beabsichtigt – etwa die schwierigen Bewegungen eines kunstvollen Sprunges beim Eiskunstlauf oder beim Vorspielen eines Klavierstücks.

Damit lassen sich verschiedene Typen von *Erfahrungen* bestimmen. Man macht andere Erfahrungen etwa am eigenen Können (der gelingenden oder mißlingenden Aufführung eines eingeübten Klavierstücks) als am Bewirken (etwa dem Einsetzen oder Ausbleiben von Applaus bei gelungenem Vorspiel). Erst recht bestimmt das kausale Bewirken, wie es dann bei der Verwendung technischer Hilfsmittel im wissenschaftlichen Experiment zu besonderer und besonders erfolgreicher Blüte kommt, einen eigenen Typ von Erfahrung. Er läßt sich durch ein Störungsbeseitigungs- und Störungsvermeidungswissen charakterisieren, das den Erfolg technischen Handelns ausmacht. Wieder anders liegen die Widerfahrnisse des Arztes bei seiner Heilkunst, die auch Widerfahrnisse, vermischt mit Handlungsfolgen auf seiten des Patienten sind.

Handeln zu lehren und zu lernen ist an die Gemeinschaftlichkeit von Praxen gebunden. Für die Lerngeschichten von Kleinkindern und Kindern ist dies selbstverständlich, und das Fehlen dieser Gemeinschaftlichkeit ist eine bekannte Ursache für Schulprobleme. Da oben bereits die Wortpaare gelingen/mißlingen und Erfolg/Mißerfolg unterschieden und der Unterschied begründet wurde, lassen sich nun *zwei wichtige Formen der Gemeinschaftlichkeit des Handelns* unterscheiden. Sie mögen Beteiligungs- und Gemeinschaftshandlung heißen.

– Eine *Beteiligungshandlung* kann einer Person *nur dann gelingen, wenn sich mindestens eine weitere Person beteiligt.* Ein einfaches Beispiel im Bereich der kinetischen Handlungen ist der Wettlauf. Im Bereich der praktischen Handlungen ist das Führen eines Gesprächs eine Beteiligungshandlung.
– Bei einer *Gemeinschaftshandlung* dagegen hängt *der Erfolg vom Mitwirken weiterer Personen ab.* Ein simples poietisches Beispiel ist das Aufheben und Wegtragen eines Balkens, der für eine Person zu schwer ist.
– Handlungen dagegen, die weder Beteiligungs- noch Gemeinschaftshandlungen sind, mögen *Individualhandlungen* heißen. Sie können von Personen allein vollzogen werden, ge- und mißlingen, Erfolg und Mißerfolg haben.

Diese letzte Einteilung der Handlungen in Beteiligungs-, Gemeinschafts- und Individualhandlungen ist auf alle drei Handlungstypen der Kinesis, Poiesis und Praxis anwendbar. Wichtig ist sie aus zwei Gründen:

1. Die aus der Soziologie kommende und heute vor allem in der Ethik und in der Philosophie der Sozialwissenschaften eine wichtige Rolle spielende Unterscheidung von *Beobachter-* und *Teilnehmerperspektive* muß nämlich ergänzt werden um eine *Vollzugsperspektive*. Beobachter- und Teilnehmerperspektiven sind dagegen *Beschreibungsperspektiven*.

Im Alltag ist der Unterschied von Vollzugs- und Beschreibungsperspektive selbstverständlich: So »macht« es einen wichtigen Unterschied, ob man mit einem Beschreiber oder einem Vollzieher eines Mordes, also etwa einem Krimiautor oder einem Mörder befreundet ist. Die Vollzugsperspektive gegenüber Handlungen kommt nicht ohne Zuschreibung der Urheberschaft oder Akteursrolle aus.

Für die Wissenschaften läßt sich der Unterschied von Beschreibungs- und Vollzugsperspektive am besten exemplarisch erläutern: Ein Anatom kann das menschliche Skelett beforschen und beschreiben, ohne daß es *für die Geltung seiner Resultate wichtig* wäre, daß er selbst ein solches Skelett hat. Er betreibt die Anatomie des menschlichen Skeletts also *aus der Beobachterperspektive*.

Der Sinnesphysiologe dagegen, der den menschlichen Sehsinn, etwa Bau und Funktion des menschlichen Auges beim zweiäugigen Sehen erforscht, muß bereits vor Eintritt in seine Forschungen wissen, was »Sehen« ist. Seine Forschung gewinnt ihr Explanandum, also die zu erklärenden Funktionen des visuellen Systems, aus der für jede Wissenschaft vorgängigen Lebenswelt. Ohne ein Wissen, was Sehen ist, hätte diese Sinnesphysiologie keinen Gegenstand; und mehr noch, sie hätte auch keine

Methode, weil selbstverständlich auch eine messende und experimentierende Physiologie darauf angewiesen ist, daß die Physiologen sich beim Messen und Experimentieren etwas anschauen, ja sogar, daß sie zum Konsens in Aussagen über das Gesehene kommen. Sinnesphysiologie wird also *aus der Teilnehmerperspektive* betrieben, weil nur die Teilnehmer an der Praxis der Sehenden vor und außerhalb aller Wissenschaft gelernt haben, wie man in gemeinschaftlichen Praxen der wissenschaftlichen Forschung mit dem Sehen umgeht. *Die Geltung sinnesphysiologischer Aussagen* hängt also von der Teilnahme an diesen Praxen ab.

Beide Perspektiven aber, die des Beobachters wie des Teilnehmers, sind *Beschreibungsperspektiven* gegenüber den Handlungen im Forschungsprozeß.

Eine *Vollzugsperspektive* einzunehmen heißt dagegen, *den tatsächlichen Vollzug einer Handlung als nicht eliminierbar aus der Begründung einer wissenschaftlichen Aussage auszuzeichnen*. Ohne Vollzug also »gibt es« zum Beispiel keinen Anfang einer Begründungskette. Soll etwa die Meßkunst in einer Theorie begründet werden, wie sie für die Datenproduktion in der Physik praktiziert wird (»Protophysik«),[10] wird man nicht ohne Vollzug der Handlungen des Herstellens und Verwendens von Meßgeräten auskommen. Bloßes Reden, etwa als Beschreiben der Meßpraxis aus der Beobachter- oder der Teilnehmerperspektive, liefert weder Meßgeräte noch Meßdaten. Die Physik hat also ein *Herstellungsapriori*: Ohne Vollzug der (poietischen) Herstellungshandlungen von Laborgerät gibt keine Beobachtungen, Messungen, Experimente und Daten.

Allgemein liefert erst ein Hinzunehmen der Vollzugsperspektive zu den beiden Beschreibungsperspektiven die Möglichkeit,

10 Vgl. Peter Janich, *Das Maß der Dinge. Protophysik von Raum, Zeit und Materie*, Frankfurt am Main 1997.

den Bereich des »Redens über etwas« zu verlassen und die prinzipielle Unendlichkeit von Begründungsketten als *ein* Lemma des Münchhausentrilemmas[11] durch Vollzug einer nichtsprachlichen Handlung zu unterbrechen, also den Bereich des Theoretischen durch Praxis zu unterfüttern, zu begründen oder allererst in die Welt zu bringen. Das hat Folgen für den zweiten Grund, warum der Unterschied von Beteiligungs-, Gemeinschafts- und Individualhandlungen für das Lehren und Lernen von Handeln und Sprechen wichtig ist.

2. Man führe sich Situationen vor Augen, in denen Kleinkinder ihre ersten Wörter und manuelle Fertigkeiten erwerben. Immer sind sie dabei *auf den Vollzug von Beteiligungshandlungen angewiesen*. Wie ein Wettlauf nur gelingen kann, wenn zwei Personen zusammen diese Handlung ausführen (wollen), so kommt auch die *elementare Form des Kommunizierens und Kooperierens* zwischen einem kleinen Kind und einem Erwachsenen nur als gemeinschaftlicher Vollzug zustande. Für das Tier-Mensch-Verhältnis heißt dies, daß zwischen Tieren und Menschen keine Beteiligungshandlungen vollzogen werden können. Selbst Primatenforscher überlassen ihre Kinder nicht den Menschenaffen zur Erziehung.[12]

11 Hans Albert hat als wichtigster deutscher Vertreter des Kritischen Rationalismus dieses Begründungstrilemma formuliert, wonach jedes Zurückfragen in Begründungsketten entweder zu einem dogmatischen Abbruch, zu einer zirkulären oder einer unendlichen, nicht vollziehbaren Kette von Argumenten führen müsse. In der Vollzugsperspektive ist darauf (in Abwandlung eines berühmten Wortes von Erich Kästner) zu entgegnen: Es gibt nichts Absolutes, außer man tut es.

12 Die immer häufiger zu lesenden Erweiterungen der evolutionstheoretischen Mittel um ein »Prinzip der Kooperation« verkennen den Charakter kooperativer Beteiligungs- und Gemeinschafts*handlungen* und sind insofern ein weiteres Beispiel für eine metaphorische, aber unangemessene Sprechweise über natürliches Verhalten (vgl. etwa: Thomas Weber, »Was,

Ein blind geborenes Kind kann nicht auf eine Farbe hingewiesen werden, ein taub geborenes Kind nicht auf ein Farbwort, so daß, pointiert gesagt, das blinde Kind sehr wohl sprechen lernen kann, aber nicht sehen, während das taube Kind erst einmal weder sprechen noch sehen lernen kann, sofern das Gelernte beim Sehen sprachlich vermittelt ist. Ein schwer autistisches Kind lernt gar nichts aus gemeinschaftlichen Praktiken zwischen Kindern und Eltern, aus Vollzügen von Beteilungshandlungen, die für gesunde Kinder in den üblichen und bekannten Formen gelingen und erfolgreich sind.

Damit ist für das Kommunizieren (als sprachliches, gemeinschaftliches Handeln) und für das Kooperieren die menschliche (»Verantwortungs-«)Gemeinschaft unter Symmetriebedingungen als *der alleinige Sitz des Handelns* ausgemacht. Nur dort kann wegen der gegenseitigen Zuschreibung von Handlungen überhaupt ein »Handeln« im terminologischen Sinne vorkommen. (Daß Kinder vom Säugling bis zur Reife der erwachsenen Person meistens die Rolle des Lernenden, die Eltern, Älteren und »peers« meistens die der Lehrenden einnehmen, ist kein Widerspruch zum Symmetrieprinzip: Lehr-, Lern- und Bildungsziel soll ja gerade die Befähigung sein, symmetrisch im moralischen und rechtlichen Sinne, also verantwortlich miteinander umzugehen. Deshalb geht verantwortliche Erziehung von der potentiellen Symmetrie zwischen Erzieher und Zögling auch bei faktischer Ungleichheit, etwa beim Loben und Tadeln, aus.)

wenn der Konflikt ausbleibt? Ist die Theorie der sexuellen Auslese falsch? Muß sie durch eine Theorie der kooperativen sozialen Auslese ersetzt werden?«, in: *Frankfurter Allgemeine Zeitung* (15. Juli 2009), S. 30; Birgit Herden, »Gemeinsam überlebt sich's besser. Wer als Spezies bestehen will, muss mit Artgenossen kooperieren«, in: *Süddeutsche Zeitung* (1./2. August 2009), S. 16.

»Person« schließlich läßt sich im terminologischen Sinne dadurch festlegen, daß sie hinreichend Handeln gelernt hat, um die eigenen Handlungen zu verantworten. Das heißt, eine Person hat (im Idealfall) Zwecksetzungsautonomie, Mittelwahlrationalität und Folgenverantwortlichkeit.

Hiermit mag die Liste unserer handlungstheoretischen Unterscheidungen abbrechen, weil sie so weit bereitsteht, wie es *für das Unterscheiden zwischen Beschreiben und Zuschreiben* benötigt wurde und wird. Oben wurde gesagt, daß der Unterschied zwischen »bloßem Verhalten« und »Handeln« die natürlichen Vorgänge in und an einem Menschen im Unterschied zu den von anderen Menschen erlernten betrifft. Das Hineinwachsen des Individuums in eine menschliche Gemeinschaft, welche natürlichen Dispositionen der neugeborene Mensch auch mitbringen und in seinem Entwicklungsprozeß natürlicherweise differenzieren wird, bleibt immer angewiesen auf Vor- und Nachmachen, auf Korrekturen, Bewertungen, Lob und Tadel. (In Kap. 1, S. 45 haben wir darauf hingewiesen, in welcher Klarheit Darwin das gesehen hat.) Das heißt, *ein Mensch kann nur dadurch Handeln* (einschließlich der sprachlichen Handlungen) *erlernen, daß ihm Gelingen bzw. Mißlingen und Erfolg bzw. Mißerfolg seiner Handlungen zugeschrieben wird.*

Was also der Mensch lernen muß, um die ganz normale, durchschnittliche Sozialkompetenz eines heutigen Mitteleuropäers zu haben, ist gerade die Unterscheidung von natürlichem Verhalten und – wie die Alltagssprache sagt – dem »absichtlichen Handeln«. Was dem Akteur als Verdienst oder Verschulden zugerechnet wird, sind Verdienst oder Verschulden im Unterschied zum bloßen (natürlichen, naturgesetzlichen) Verhalten.

In diesem Zusammenhang wird dann zu lernen sein, daß mit mißlungenen Handlungen ungewollte Wirkungen ausgelöst werden können. Wenn ein Kind den schönen Turm, den das Geschwister gebaut hat, zum Einsturz bringt und dafür getadelt wird, den Tadel jedoch als ungerecht empfindet, weil es doch den Turm *nur versehentlich* berührt hat, dann gewinnen *in der Vollzugsperspektive* Wörter wie *absichtlich, versehentlich und unschuldig* (wenn nämlich ein anderes Kind das Unglück ausgelöst hat) ihren Sinn. Später wird das Kind zu lernen haben, daß auch in den öffentlichen, rechtlichen Verhältnissen die *vorsätzliche* von der *fahrlässigen* Tat und diese beiden wieder von *unschuldig* im Sinne fehlender Tatbeteiligung unterschieden werden; sollte das Individuum sogar eine juristische Ausbildung genießen, wird es diese Wörter als juristische Fachausdrücke definieren lernen müssen und vielleicht sogar bis zu einer wissenschaftlichen Bestimmung der Zurechnungsfähigkeit kommen.

Der Bezug auf die Lerngeschichte, in der Menschen ihre Fähigkeiten erwerben zu handeln und zu sprechen, läßt als *unverzichtbaren Teil einer hinreichenden Sozialkompetenz* erkennen, daß ein Mensch in der Lage sein muß, sich seine Zwecke selbst zu setzen, dafür die erfolgversprechenden Mittel zu wählen und dann für die Folgen und Wirkungen die Verantwortung zu tragen. Schon in einer Erziehung, die von verantwortungsvollen Erziehern praktiziert wird, wird es zu Nachfragen der Art kommen, *warum* der Zögling etwas getan oder unterlassen hat. Man muß keine große ethische oder psychologische Theorie der Verantwortung heranziehen und kann sich stattdessen auf die Praxis des Antwortforderns und -gebens beschränken, um *Handlungszuschreibungen selbst als verantwortungspflichtiges Handeln* zu erkennen. (Das ist für Biologen und Tierphilosophen wichtig.)

Im Unterschied dazu wird eben kein vernünftiger Erzieher ein Kind loben oder tadeln für etwas, was nur »natürlich« an ihm geschieht, etwa wachsen (oder zu klein bleiben), erschrecken, stolpern, einschlafen, krank werden usw. Wie unverantwortlich ist es gar, wenn sich Eltern ein Kind eines anderen Geschlechts gewünscht oder erhofft haben und wenn sie dies dem Kind dann sagen oder gar zum Vorwurf machen oder auch nur (wenig feinfühlig) einen für das jeweils andere Geschlecht üblichen Kose- oder Spitznamen geben! Kinder können nur in die moralischen und rechtlichen Praxen einer Kulturgemeinschaft hineinwachsen, wenn möglichst klar die natürlichen von den kultürlichen, die unfreiwilligen von den freiwilligen, die nicht beherrschbaren von den beherrschbaren, die unmöglichen von den möglichen Handlungen unterschieden werden.

Bevor zu klären ist, ob sich Beschriebenes und Zugeschriebenes gegenseitig ausschließen, wie oft im Streit von Naturalisten und Kulturalisten angenommen wird, sollen die Umgangsformen von Menschen mit Tieren betrachtet werden: An ihnen werden sich verschiedene Fälle von Beschreibungen und Zuschreibungen in der tatsächlichen Praxis unterscheiden lassen.

3.3 Umgänge mit Tieren

Im Zusammenhang des Mensch-Tier-Verhältnisses wurden unseres Wissens die verschiedenen Praxen des kultürlichen Umgangs mit Tieren bislang noch kaum systematisch untersucht und diskutiert. Wo, das soll das hier verfolgte Erkenntnisinteresse sein, spielen in diesem Bereich die Unterschiede von Beschreiben und Zuschreiben eine wichtige Rolle?

Die Naturwissenschaften vom Tier machen wenig Mut: In der obigen Aufzählung wichtiger (und allgemein bekannter) Praxen zwischen den beiden Polen einer wissenschaftlichen Tierbeobachtung in situ und der Partnertierhaltung mit den verschiedenen Zwischenformen der Hälterung von Labortieren, Zoo- und Zirkustieren bis zu Nutztieren haben wir bereits Umgänge mit Tieren erwähnt, die bislang selten zum Gegenstand methodologischer Überlegungen wurden.

Waren die neukaledonischen Krähen oder die achtarmigen Tintenfische[13] mit ihren »Werkzeugen« noch der ungestörten Naturbeobachtung durch filmende Wissenschaftler unterworfen – leider kann man die Ungestörtheit oder die »Natürlichkeit« (Naturnähe) der Beobachtungen anhand des jeweiligen Materials nicht beurteilen – , so sind die Primatenbeobachtungen in situ durch die erwähnte, hochrenommierte und auch unter Laien populäre Primatologin Jane Goodall in den angebotenen Ergebnissen schon äußerst reich an Voraussetzungen.

Es könnte ja schon den Mitgliedern von Goodalls Menschenaffen-Community etwas falsch zugeschrieben sein, was da als Vermeidung von Störungen für die angestellten Beobachtungen gilt. (Oben waren Zuschreibungen als verfehlt, nicht als falsch definiert worden. Hier ist falsch im Sinne von vermeintlich zugeschrieben, in Wahrheit aber nur metaphorisch sinnvoll zu verstehen.) Mehr noch, das Konzept der teilnehmenden ethologischen Beobachtung durch Aufenthalt in der Affenhorde wird ja mit wissenschaftlichem Anspruch verknüpft. Immerhin werden Texte publiziert und Filme gezeigt, die mehr als bloße Unterhaltung sein wollen. Also muß in irgendeiner Form Wissenschaftlichkeit geübt, praktiziert und damit vorab oder begleitend reflektiert und definiert werden. Dazu zählt eine eigene Beschreibungsspra-

13 Tina Baier, »Heimwerker mit acht Armen. Intelligenter Oktopus: Verhaltensforscher beobachten erstmals wirbelloses Tier, das Werkzeug benutzt«, in: *Süddeutsche Zeitung* (15. Dezember 2009), S. 16. Man wüßte zu gern, unter welchen Umständen Tintenfische »lernen, mit zwei ihrer acht Arme Gläser mit Drehverschluß zu öffnen«.

che für das Verhalten der Affen, in der nicht nur Eigennamen für einzelne Tiere, sondern zwangsläufig auch Wörter vorkommen, die aus der menschlichen Praxis stammen. Eine kunstvoll, etwa durch Zurückhaltung, operationalisierte reine Beobachterperspektive kann also nicht abgetrennt werden von den Zwängen, wissenschaftliche Ergebnisse zu beschreiben und dabei Deutungen und damit Zuschreibungen vorzunehmen. Ein Mix aus Beobachter- und Teilnehmerperspektive (»teilnehmende Beobachtung«) ist, qua Garantie für wissenschaftliche Objektivität, eine Fiktion.

Hier erscheint wieder die Sprachvergessenheit der Naturwissenschaften, die alle Erkenntnis aus ihrem Objekt ableiten und diesem auch noch die Objektivität abringen möchten und die doch in ihren Erkenntnissubjekten weder frei von investierten Annahmen noch von spezifisch menschlichen Mitteln agieren können. Hier wäre eine klärende Diskussion durch die praktizierenden Fachleute wünschenswert. Der »reine« Beobachterstandpunkt ist jedenfalls naiv, weil der Beobachter immer auch Agent ist und die Wissenschaftlichkeit seiner Resultate nicht von seinen Affen serviert bekommt, sondern selbst sicherstellen muß.

Bei den Labortieren dagegen sind die Verhältnisse in experimentellen Untersuchungen per definitionem nicht natürlich. Hier berühren sich ethologische Forschungen mit solchen in Zoos und sogar mit dem Umgang mit Zirkustieren. Bei letzteren kommt, gegenüber dem Laborexperiment, nur noch die sanfte Täuschung des Zirkuspublikums hinzu, dem ja nicht die Tricks der Dompteure (Modifikationen natürlicher tierischer Reaktionen) erläutert werden, mit denen man Tieren gefährlich aussehende oder widernatürliche Leistungen wie Tigersprünge durch brennende Reifen beibringt. Aber schon das Wiederholen möglichst gleicher Abläufe, die das Experiment als wissenschaftliche

Erkenntnisquelle charakterisiert, führt zwangsläufig zu Gewöhnungs- und Dressureffekten bei Versuchstieren.

Im Hinblick auf Experimente mit Menschen in psychologischen Laboren gibt es eine ausgiebige Diskussion darüber, ob und inwieweit man lernfähige Wesen zweimal in dieselbe Situation bringen kann.[14] Und es gibt eine ethische Debatte, ob Experimente mit Menschen deren vernünftige Autonomie respektieren. Hier sind uns leider keine Überlegungen bekannt, ob nicht auch Tieren eine Art von Spontaneität zugesprochen werden muß, die für die Aussagekraft von Experimenten nicht vernachlässigt werden kann.

In allen Fällen aber wird das Beschreiben von tierischem »Verhalten« einen Gegenbegriff von »Handeln« ansetzen und den Unterschied von Beschreiben und Zuschreiben berücksichtigen müssen: Alle für eine plausible Darstellung von Beobachtungsergebnissen erforderlichen Zuschreibungen zu Tieren bleiben metaphorisch.

Solange solche wissenschaftstheoretischen Bedingungen nicht explizit methodologisch diskutiert werden, kann für ethologische Programme die Legitimität solcher metaphorischen Zuschreibungen nicht beurteilt werden. Tatsächlich ist, wie oben gezeigt, schon die Rede von Werkzeugen in der Biologie eine Verletzung naturwissenschaftlicher Standards.

Bedenkenswert bleiben Verhältnisse, bei denen der Mensch tatsächlich vom Tier abhängig ist. Diese Abhängigkeit könnte, man denke an das Harmonieren von Herr und Hund bei Schäfer- und Hütehund(en), so aussehen, daß zwar keine Symmetrie in moralischer und rechtlicher Hinsicht entsteht, daß aber unter dramatischen Bedingungen der wirtschaftliche Erfolg des Schä-

14 Vgl. Peter Janich, »Das Experiment in der Psychologie«, in: ders., *Konstruktivismus und Naturerkenntnis*, Frankfurt am Main 1996, S. 275-289.

fers von der Leistung seiner Hunde abhängt; insofern wäre verständlich, wenn der Schäfer dem Hund so manches zuschreiben würde, was man üblicherweise Menschen vorbehält. Entsprechend sind die Leistungen etwa von Polizei- und Lawinenhunden eng mit denen der Hundeführer verknüpft. Unterhaltungssendungen wie die Fernsehserie *Kommissar Rex* über einen Schäferhund, der Kriminalfälle löst, haben leider großen und irreführenden Einfluß auf die öffentliche Einschätzung des Tieres. Nur Menschen kann man sinnvollerweise zuschreiben, durch Polizeiarbeit zielgerichtet Täter zu ermitteln und zu stellen. Die falsche Suggestion entsteht für den Zuschauer des Films, ähnlich wie bei Vorführungen mit dressierten Tieren im Zirkus, durch geschickte Schnitte und den Einbau von Szenen, die das Verhalten dressierter Tiere zeigen. Diese Szenen sind aber kein Kontext für den Hund, in dem sich dieser »verhält« oder gar menschenähnlich »handelt«.

Einen Sonderfall bilden Partnertiere, und hier wiederum eher Hunde als Katzen. Gemeint sind nun nicht Hunde oder Katzen, die in der eher rauen Umgebung eines Bauernhofes als Wachhund oder Mäusefänger gehalten werden, sondern Hunde und Katzen in privaten Wohnungen und Häusern. Vor allem wenn die emotionalen Bindungen an die Tiere sehr stark werden, etwa bei Kindern oder einsamen alten Menschen oder auch bei Einzelgängern, wie Arthur Schopenhauer mit seinem Pudel einer gewesen sein soll, dann gibt der Mensch sozusagen freiwillig die Distanz zum Tier auf: Das Zusammenleben spielt sich weitgehend anthropomorph ab – unterstützt von den äußeren Bedingungen: Wer einen Hund hält, agiert ihm gegenüber in vieler Hinsicht mit Sorge, wie man sie auch gegenüber den eigenen Kindern aufbringt. Da muß für Nahrung und Behausung gesorgt, bei Krankheit das Tier zum Arzt gebracht, Bewegung und

Abwechslung gesichert, Steuern und Haftpflichtversicherung bezahlt werden und anderes mehr. Vor allem aber kommen bei Kauf eines Jungtieres Erziehungsaufgaben auf den Halter zu, die – kompetente Tierhaltung unterstellt – zu vielerlei Prägungen des Tieres auf den Menschen und eben auch umgekehrt des Menschen auf das Tier führen. Einzelne Tiere – dies ist nun kein wissenschaftlicher Satz, sondern eine persönliche Erfahrung – können sich trotz gleicher Rasse so sehr (anthropomorph gesprochen: in Intelligenz und Charakter) unterscheiden, daß man schließlich erstaunt feststellt, wie unterschiedlich man deshalb selbst mit ihnen umgeht.

In all diesen Zusammenhängen wird Partnertieren wie selbstverständlich zugeschrieben, was man üblicherweise nur Menschen zuschreibt. Hier verweisen wir auf das Kapitel über Darwins Tierbeschreibungen zurück, da auch der englische Naturforscher genau das getan hat. Wissenschaftlich gesehen, sind jedoch alle diese Zuschreibungen ausschließlich metaphorisch, weil bei aller Tierliebe Symmetrie weder faktisch besteht noch hergestellt werden kann. Hier erinnern wir an den moralischen und rechtlichen Unterschied zwischen Tierzucht sowie Tierhandel auf der einen und Menschenzucht sowie Menschenhandel auf der anderen Seite. Und wenn es zu dramatischen Konflikten kommt, der Hund etwa aus (metaphorisch zugeschriebener!) Eifersucht eine Gefahr für ein Kleinkind wird, dann wird sich ein verantwortungsvoller Mensch für die Sicherheit des (eigenen) Kindes entscheiden und den Hund wegsperren oder weggeben.

Resümierend ist also für die verschiedenen Formen des menschlichen Umgangs mit Tieren exemplarisch für die (in unserer Kultur häufigsten Beispiele) gezeigt, daß das Tier auch in den unterschiedlichen Abhängigkeiten vom Menschen immer als Tier im Sinne der ethischen Aufklärung und Entmythisierung der Natur behandelt wird (und werden muß): Es bleibt natürlich und damit weder schuldfähig noch verantwortungspflichtig. Der kultürliche Unterschied von Mensch und Tier ist selbst menschengemacht, stellt eine Kulturleistung dar und führt weder zu kognitiven Widersprüchen noch zu moralischen oder rechtlichen Unverträglichkeiten von Mensch und Tier, wie jetzt für das Verhältnis von Beschreiben und Zuschreiben gezeigt werden soll:

3.4 Von Aristoteles lernen: Der Aspektdualismus

Aristoteles unterscheidet in seiner Vorlesung über Natur (gr. *physikè akróasis*, deshalb kurz als »Physik« bezeichnet, obwohl es dabei um etwas ganz anderes geht als um die Physik seit Galilei und Newton) zwischen »natürlich« und »künstlich«. Er verwendet dafür die Dative der Substantive »physis« (Natur) und »techne« (Kunst), also deutsch etwa »von Natur aus« und analog »von Kunst/Technik aus«. Während »Kunst« etymologisch mit »Können« verwandt ist, ist »Natur« selbst ein Lehnwort aus einer alten Sprache und stammt vom Lateinischen *nasci*, »geboren werden«. Aristoteles bestimmt das Natürliche als dasjenige, was den Grund seiner Veränderung in sich selbst hat, während das Künstliche, das Technische, durch das absichtsvolle Handeln von Menschen zustande kommt, also seinen Grund außerhalb von sich selbst hat – wie der Zweck eines Tisches, der nicht im Tisch, sondern beim Tischler liegt.

Betrachtet man diese Unterscheidung und die daran geknüpften Erläuterungen näher, kann man erstaunt feststellen, daß wir heute im Alltag überzeugte Aristoteliker sind. Dazu ein einfaches Beispiel: Wer im Wald spazierengeht und am Wegrand zufällig einen Steinpilz entdeckt, wird selbstverständlich annehmen, daß der dort »von selbst«, also »von Natur aus« vorhanden, das heißt gewachsen ist. Findet man aber auf dem Waldweg einen Autoschlüssel, werden wir ihn sofort als ein technisches Ding, als ein »Artefakt«, nämlich als ein von Menschen für einen bestimmten Zweck kunstvoll Hergestelltes identifizieren. Der Unterschied von natürlich und künstlich wird in vielen Fällen nicht nur intuitiv sicher beurteilt, sondern ist auch wichtig für uns. Man bedenke nur, in welchen Situationen und warum zwischen natürlichen und künstlichen Blumen, natürlichen und künstlichen Zähnen oder gar zwischen einem natürlichen und einem »künstlichen« Tod unterschieden wird.

Von Aristoteles ist zu lernen, daß die Unterscheidung natürlich/künstlich nicht etwa eine strikte Zweiteilung aller Dinge und Geschehnisse in »die« Natur und »die« Technik intendiert, sondern *nur zwei Aspekte* betrifft, die *zugleich am selben Objekt* (Ding oder Geschehnis) vorliegen können. Selbstverständlich hat eine Marmorstatue die Form, die ihm der Künstler gegeben hat, ist also künstlich, technisch. Aber selbstverständlich behält der Marmor auch seine natürlichen Eigenschaften wie Farbe, Härte, oder modern gesehen, die Löslichkeit von Kalk in Salzsäure. Wir haben also mit der aristotelischen Unterscheidung von natürlich und künstlich einen *Aspektedualismus* vor uns und nicht eine Klassifikation aller Dinge oder Geschehnisse der Welt mit disjunkten Gruppen.

Wichtige Beispiele dafür, daß Unterscheidungen in diesem Sinne lediglich Aspekte betreffen, sind oben schon vorgekommen. Das Züchtungshandeln, das Darwin in bezug auf Pflanzen und Tiere als Modell für die natürliche Zuchtwahl heranzieht, betrifft nur die Eigenschaften, die je nach Art und Weise der Züchtung variieren, Eigenschaften an sonst natürlichen Wesen in einem sonst natürlichen Geschehen. Unsere heutigen Getreide- und Obstsorten oder Rassen von Pferden und Hunden sind solche Gegenstände, an denen natürliche wie künstliche Aspekte gleichermaßen vorkommen. Ja, alle technischen Veränderungen natürlicher Verhältnisse, wie sie in Ackerbau und Viehzucht vorgenommen und dort mit dem lateinischen Lehnwort »Kultur« (von lat. *colere*, *cultum*, anbauen, kultivieren) bezeichnet werden, ja sogar jede industrielle Verarbeitung von Werk- und Wirkstoffen, Nahrungsmitteln usw. betrifft immer das Herbeiführen künstlicher/technischer Eigenschaften im Vergleich zu den natürlichen, die sonst, also ohne Eingriff, vorlägen. Auch der oben erwähnte Autoschlüssel ist durch technische Veränderung der irgendwo aus der Erde ausgegrabenen Erze, Erden und Kohlen entstanden, ist also etwa in den Materialeigenschaften noch in mancher Hinsicht natürlich. Deshalb erregen sich Chemiker auch zu Recht, wenn zum Beispiel in der Werbung bestimmte Waren mit Slogans wie »ohne Chemie«, »biologisch« oder »rein pflanzlich« angeboten werden. Selbst der natürliche Steinpilz wird in der Küche »künstlich« zubereitet.

Ein anderes wichtiges Beispiel für den Aspekte-Charakter einer Unterscheidung war die Einteilung von Handlungen in kinetische, poietische und praktische: Das Verfassen eines handschriftlichen Dankesbriefes weist alle drei Aspekte (Handlungstypen) auf.

Was damit von Aristoteles gewonnen ist, trägt auch für das Verhältnis von Beschreiben und Zuschreiben. Auch *Beschriebenes und Zugeschriebenes sind* »nur« *zwei Aspekte derselben Sache*, bilden aber nicht einen sogenannten »ontologischen« Unterschied zwischen einem Reich der gegenständlichen, empirischen Eigenschaften und einem Reich der beliebig gesetzten Normen und Werte, oder mit Kant gesprochen, einem Reich der Notwendigkeit und einem Reich der Freiheit. So wenig die Gewichtsangabe eines berühmten, klassischen Ölgemäldes logisch, semantisch oder empirisch in einen Gegensatz oder Konflikt zu Angaben darüber geraten kann, was das Gemälde darstellt, so wenig konfligieren Beschreibungen und Zuschreibungen bei Menschen. Da muß die Biologie noch an ihrer Begrifflichkeit arbeiten.

Der Mensch kann qua Naturgegenstand beschrieben werden, ebenso, wie er qua Kulturgegenstand beschrieben werden kann. Hier gilt es allerdings darauf zu achten, ob die beschriebenen kultürlichen Qualitäten nicht ihrerseits auf Zuschreibungen beruhen. Hier werden also nicht nur die geschilderte *Abhängigkeit des richtigen Zuschreibens von wahren Beschreibungen*, sondern auch umgekehrt die *Abhängigkeit des wahren Beschreibens von richtigen Zuschreibungen* sichtbar. Daß es in *beiden* Richtungen Abhängigkeiten gibt, also insbesondere das Zuschreiben nicht durch Beschreibungen erklärt oder naturalisiert werden kann, sollten auch Naturalisten berücksichtigen.

Die oben im Beispiel der lernenden Kinder verwendeten Wörter »blind-« und »taub-geboren« sind selbstverständlich Beschreibungen, die bei Zuschreibungen von Leistungen zu berücksichtigen sind und darüber entscheiden können, ob eine Zuschreibung richtig oder verfehlt ist. Wenn ein solchermaßen behindertes Kind irgendwelche als normal erachteten Leistungen nicht erbringt, wäre es eben absurd, genauer verantwortungslos, entsprechende Zuschreibungen vorzunehmen. Umgekehrt aber können auch Zuschreibungen von Handlungen zu einer Person dazu führen, daß sie sich in ihren nur beschriebenen Eigenschaften ändert. Ein Trivialbeispiel wäre eine Fastenkur, die ein Mensch macht und dadurch sein (beschriebenes) Gewicht reduziert. Darwin hat, wie oben an Beispielen erwähnt, sehr klarsichtig solche wechselseitigen Abhängigkeiten gesehen und beschrieben, wenn ihm auch der spezifische Unterschied von Beschreiben und Zuschreiben als

Methode oder Typ des Argumentierens, sowie die Verträglichkeit von Zuschreibung und Beschreibung im Sinne des Aspektedualismus nicht bewußt war (und ihm deshalb der Unterschied zwischen richtigen und Schein- oder metaphorischen Zuschreibungen nicht zugänglich wurde).

Nicht nur trotz, nein, gerade wegen des Aspektecharakters von Beschriebenem und Zugeschriebenem ist der heute unter Naturwissenschaftlern wie unter Philosophen verbreiteten Sprachpraxis entgegenzutreten, das Geschäft des Zuschreibens als hochgradig beliebig anzusehen. Ob man Tieren Geist oder Seele zuschreibt, wird, wo es nicht als Beschreibung mißverstanden wird, so behandelt, als ob es um beliebige Bekenntnisse, Geschmacksentscheidungen oder bloße Einfälle ginge; noch schlimmer sind die Zuschreibungen von Qualitäten zu Tieren, die sich einer Selbstzuschreibung der Tierliebe oder Tierempathie durch den »Tierexperten« verdanken. So jedenfalls klingt das oben zitierte Bekenntnis des Evolutionären Anthropologen.

Dagegen haben wir gesehen, daß das Zuschreiben ein unverzichtbares Geschäft menschlich-kultürlicher Praxis ist, in denen kleine (junge, ungelernte) Menschen von großen (alten, gelehrten) Menschen in Handlungs- und Redegemeinschaften hineinerzogen werden. Maßgeblich dafür ist die Kulturhöhe, auf der dies geschieht. Sie variiert bekanntlich historisch (technische Zivilisation gegenüber Steinzeit), national (alltägliche Muttersprache gegenüber Fachsprachen und Fremdsprachen), schichtenspezifisch (Großbürger gegenüber Obdachlosem) und in vielen anderen Hinsichten. Aber selbst verwahrloste Straßenkinder in südamerikanischen Slums werden einsozialisiert. Daraus gewinnen sie Qualitäten, die nicht nur Beschreibungen zugänglich sind, sondern im konkreten Vollzug des Zusammenlebens zugeschrieben werden können oder müssen.

4 Gibt es eine Naturgeschichte des Menschen?

Wie zweideutig die Rede von Menschen und von Tieren ist, wurde bisher an mehreren Autoren von Darwin über heutige Biologen bis zu Tierphilosophen gezeigt. Deshalb bleibt die Frage, ob es eine Naturgeschichte des Menschen im Sinne eines rein natürlichen Geschehens überhaupt gibt und ob diese folglich von den Naturwissenschaften allein mit ihren Methoden geschrieben werden kann. Eine Antwort auf diese Frage hängt ganz davon ab, was hier *das Wort Mensch bedeutet.*

Für »den Menschen« *als Naturgegenstand* sind Frage und Antwort trivial. Es wurde schon erklärt, was es heißt, den Menschen »als Naturgegenstand« zu beschreiben: Es ist die Anwendung naturwissenschaftlicher Methoden (vgl. S. 75 ff.), hier zwingend ergänzt um den Ausweis ihrer sinnvollen, auf gerechtfertigte Zwecke hin ausgerichteten Anwendung. Da heutzutage niemand mehr wird behaupten können, der Mensch, die Erdkugel, unser Sonnensystem oder das Universum seien immer und ewig gleich gewesen, haben wir ein Naturgeschehen anzunehmen, das dem heutigen Naturgeschehen vorausgegangen ist. Für die Wissenschaft von diesem Geschehen, sofern es Lebendiges betrifft, kennen wir heute keine besseren Ansätze als die der Evolutionsbiologie.

Für diese Einschätzung darf aber nicht vergessen werden, daß das Wort »Mensch«, erst recht der Begriff Mensch, für den das Wort (nach Sprachen und Zeiten variabel) steht, und vor allem der Gegenstand Mensch als Objekt eines sprachlich gefaßten Wissens *nicht durch die Evolutionsbiologie in die Welt gekommen, sondern von dieser aus der Lebenswelt übernommen* ist. Und auch heute noch kommen wir nicht ohne einen außerwissenschaftlichen, alltäglichen Begriff Mensch aus, der etwas anderes ist als der biologische. Selbst die Formel »Der Mensch und andere Tiere« oder das Bekenntnis von Biologen, daß sie »den Menschen« natürlich unter die Tiere oder die Primaten rechnen, könnten nicht einmal gesagt oder geschrieben werden ohne den alltagssprachlichen Sinn des Wortes »Mensch«. In der ausdrücklichen Langform ist also immer gemeint, daß der Alltagsbegriff Mensch durch die Evolutionsbiologie verändert, ergänzt oder naturwissenschaftlich revidiert werden soll; aber dazu muß man den Alltagsbegriff erst einmal haben.

Es wäre also absurd zu hoffen, ein naturwissenschaftlich aufgeklärtes Zeitalter würde irgendwann auf den naturwissenschaftlichen Begriff einschwenken und sich auf diesen beschränken. Die Kinder sollten nach dieser absurden Hoffnung dann »Mensch« gleich im Sinne der Naturwissenschaften lernen und nicht erst »auf Umwegen« über die aktuelle Kultur. Denn noch nicht einmal diese Hoffnung läßt sich ohne den lebensweltlichen Begriff in Worte fassen. Immer noch muß ein vor- und außerwissenschaftliches Leben stattfinden, damit aus diesem Evolutionsbiologen durch Ausbildung und Bildung hervorgehen können. Zugespitzt gesagt: Es ist trivial wahr, daß der Mensch als Naturgegenstand eine Naturgeschichte hat, aber diese Wahrheit nimmt mit der in ihr enthaltenen logischen Abstraktion »als Naturgegenstand« eine Unterscheidung auf, die dem naiven, dogmatischen Naturalisten fehlt. Es muß außer einem naturwissenschaftlichen Taxon Mensch ein alltagssprachlicher Begriff von Mensch verfügbar sein. Hier müssen die Evolutionsbiologie und ihre Popularisierungen begrifflich nachbessern!

4.1 Was heißt denn hier »Mensch«?

Kleine Kinder lernen das Wort »Mensch« exemplarisch, an Beispielen und Gegenbeispielen, wo die Gegenbeispiele (sehr grob) in Tiere, Pflanzen und Steine gruppiert werden können, gut aristotelisch also. Nach und nach muß der Sprachzögling aber einsehen, daß mit dem Wort Mensch mehr gemacht wird als ein distanziertes Einteilen. Da sind zum einen die dramatischen Fälle: Ein Gebäude brennt, ein Tal wird überflutet, eine Ortschaft von Lava verschüttet. Dort sind noch Menschen! Oder eine Bestie von Mensch läuft Amok, wird grausamer Führer von Milizen oder zynischer Machthaber; dann zählen Menschenleben wenig.

Auch die berühmten »ersten Menschen« auf dem Nanga Parbat, mit dem Heißluftballon oder dem Hängegleiter in der Luft, mit dem U-Boot unter Wasser usw. dienen nicht einfach der Unterscheidung von Tier oder Pflanze. Menschen können unmenschlich, manche aber auch übermenschlich sein. Die Reihe der Beispiele ist fortsetzbar.

Der Mitmensch und seine Mitmenschlichkeit, das humane Sterben und die humanistische Bildung sind Stichworte, die auf weitere Aspekte des spezifisch Menschlichen verweisen. Auch Aristoteles wollte keine biologische Trivialität beschreiben, als er sagte, der Mensch zeuge den Menschen, sondern darauf verweisen, daß der Mensch nur in der menschlichen Gemeinschaft von Handelnden und Redenden, in einem geordneten Gemeinwesen, so recht zum Menschen wird.

Wenn also zum Beispiel bei archäologischen oder paläologischen Grabungen Knochen gefunden werden und dem Finder wird die Ahnung zur Gewißheit, »das ist ein Mensch«, dann ist primär nicht gemeint, was im Zweifel durch eine biochemischen Untersuchung des Knochengewebes entschieden wird: der

Mensch als Blaupause des menschlichen Genoms. Vielmehr ist gemeint: Da ist einer von uns, ein Vorfahr, ein Ahne. Um diese Vermutung zu prüfen, kann ein biochemischer DNA-Test hilfreich, ja entscheidend sein. Aber wieder müssen sich die Genetiker dabei vor Augen halten, daß sie ihre Unterscheidung von menschlichem und nichtmenschlichem Gewebe und Genom sozusagen »geeicht« haben müssen an Geweben und Genomen, von denen sie wissen, daß sie von Menschen im heutigen, alltäglichen Sinne genommen sind.

Allgemeiner gesagt: Weder eine physiologische noch eine evolutionsbiologische noch eine genetische noch eine neurowissenschaftliche Charakterisierung des Menschen kommt ohne den lebensweltlichen, alltäglichen Begriff Mensch aus. Nicht zu vergessen, was wir oben bereits in bezug auf Darwins *Die Entstehung der Arten* festgestellt haben: Die Evolutionsbiologen, Genetiker und Neurowissenschaftler sind solche, bleiben solche und handeln wissenschaftlich als solche ja immer im Sinne des alltäglichen Begriffs Mensch. Sie haben, gut aristotelisch, von anderen Menschen das Reden und Handeln gelernt, das in Schule und Hochschule zur wissenschaftlichen Fachausbildung stilisiert und entwickelt worden ist.

Deshalb plädieren wir dafür, daß alle Menschen, ob nun biologische Laien oder Experten, sich *vom methodisch primären Sprachgebrauch des kindlichen Prädikators »Mensch«* nach dem Muster von Beispiel und Gegenbeispiel (»dies ist einer« und »dies ist keiner») verabschieden und stattdessen *»Mensch« als Reflexionsbegriff* in ihren Sprachgebrauch und ihr Sprachverständnis aufnehmen. Das Wort Mensch soll also als Reflexionsterminus verstanden werden. Was heißt das?

In der philosophischen Tradition, prominent etwa bei Immanuel Kant, treten Reflexionsbegriffe auf. Sie gehören, wie der

Name sagt, dem Bereich des Reflektierens auf etwas an. Sie kommen also nicht in einfachen Beschreibungen und Behauptungen vor wie im Satz »Dies ist ein Klavierstuhl«. Nun war aber Kant nicht gerade ein großer Sprachphilosoph. Eine differenzierte Kunst des Definierens stand ihm nicht zu Gebot, anders als in der heute elaborierten Sprachphilosophie. Ihr entnehmen wir als spezielles Reflexionsverfahren, den Gebrauch eines Wortes (rekonstruierend) festzulegen. Der besseren Verständlichkeit halber beginnen wir mit einem einfachen Beispiel, um daran das Definitionsverfahren für Reflexionstermini allgemein zu charakterisieren.

Die Wörter »Raum« und »Zeit« sind Reflexionstermini. Sie bezeichnen nicht ein Ding wie ein Haus oder ein Geschehen wie ein Gewitter. Als Substantiva, deutsch als Dingworte, suggerieren sie nur fälschlicherweise, daß es da eine Substanz oder ein Ding gäbe, dem sie als Prädikatoren zugesprochen würden wie die Wörter »Haus« einem Ding oder »Gewitter« einem Ereignis. Tatsächlich aber dienen sie nur der Sortierung räumlicher und zeitlicher Unterscheidungen beziehungsweise Aussagen.

So könnte die Hausaufgabe für einen Schüler der Grundschule lauten: Schreibe Listen räumlicher und zeitlicher Wörter auf! Bei den räumlichen würden dann Substantive und Adjektive auftreten wie: rund, gerade, Würfel, Meter, Strecke, Volumen, aber auch Präpositionen wie auf, in, unter, hinter und viele andere. Bei den zeitlichen Wörtern kämen vermutlich vor: Stunde, jetzt, Jahr, heuer, vergangen, zukünftig, spät, aber auch Präpositionen wie nach, während und viele andere. Einige Wörter kämen in beiden Listen vor, etwa lang und kurz, und andere stünden auf eine weiter erklärungsbedürftige Weise zwischen beiden, etwa schnell und langsam, Bewegung und viele andere. Man könnte diese die raum-zeitlich gemischten Wörter nennen. Diese Wortlisten hätten also die Überschriften »räumlich«, »zeitlich« und »raum-zeitlich«.

Die fraglichen Reflexionstermini »Raum« und »Zeit« (und »Raumzeit«) aber wären nur die substantivischen Abkürzungen im Sinne der Gleichsetzung, daß man *vom Raum* bzw. *von der Zeit spricht*, wenn man *in räumlichen* bzw. *in zeitlichen Unterscheidungen, also mit den räumlichen bzw. zeitlichen Wörtern spricht*. Der Raum bzw. die Zeit sind also keine selbständigen Gegenstände, sondern diese Wörter zeigen nur an, daß in Reflexion auf die eigenen sprachlichen Mittel und ihre Einteilung gesprochen wird. Sie sind »Termini« in dem Sinne, daß ihre Verwendung nun explizit festgelegt, »terminologisch normiert« ist. Damit ist die Bezeichnung »Reflexionsterminus« erläutert.

Reflexionstermini also sind in ihrem Gebrauch festgelegte Wörter, deren Festlegung im Sprechen über Sprechen, philosophisch gesagt, in Metasprache stattfinden. Dafür müssen aber die objektsprachlichen Wörter, im voranstehenden Beispiel die räumlichen und die zeitlichen, explizit genannt werden, wenigstens in einigen Vertretern; und es muß gleichsam die Listenbezeichnung, hier in adjektivischer Form als »räumlich« bzw. »zeitlich« (bzw. raum-zeitlich), hinzugefügt werden. Damit steht das Verfahren zur Verfügung, auch *»Mensch« als Reflexionsterminus zu bestimmen. Man beginne mit dem Aufstellen von Wortlisten unter der Listen-Überschrift »menschlich«.*

Die Rekonstruktion eines Sprachgebrauchs durch Angabe eines Verfahrens zur Begriffsbildung, hier also genauer das Reflexionsverfahren, dient nicht etwa einem Selbstzweck nach dem Motto »Schöner Denken!«, sondern der Vermeidung von Scheinproblemen. Diese entstehen leicht aus den grammatischen Möglichkeiten der substantivischen Reflexionstermini. So sind etwa die scheinbar philosophisch tiefsinnigen Fragen, ob »Zeit« Anfang und Ende, Richtung und Geschwindigkeit hat, nicht ohne weiteres zurück zu übersetzen in Aussagen mit zeitlichen Wörtern, unter denen das Substantiv »Zeit« nicht vorkommt. Entsprechend empfiehlt sich Vorsicht bei scheinbar tiefsinnigen Fragen über den Menschen, wie sie mit Hilfe von Wörtern zur Aufzählung menschlicher Kennzeichen nicht formuliert werden können – und deshalb besser aufgegeben werden sollten.

Man trage analog zu »zeitlich« eine Liste von Wörtern unter dem Stichwort »menschlich« zusammen. Da werden nicht nur diejenigen auftauchen, die mit der Konnotation des Gegensatzes »unmenschlich« und »übermenschlich« verbunden sind, sondern eben auch solche, die einen Gegensatz zur Konnotation von »tierisch«, »tierlich«, »tierähnlich« usw. bilden.

Vor allem aber werden Wörter aus dem Bereich der Kultur auftauchen. So war es zum Beispiel für den mittelalterlichen Menschen undenkbar, daß der Mensch fliegt. Damals flogen nur Vögel, Insekten und angeblich Engel. Aber schon wenn Steine oder Pfeile flogen, hatte man den Unterschied »aus eigener Kraft« und »nicht aus eigener Kraft« zur Verfügung. Menschen konnten nur »wie ein Stein« von einem Baum oder Felsen herabstürzen, aber dies ist eben das Fliegen der Steine. Erst die Kulturgeschichte hat das Fliegen mit Heißluftballons, Flugzeugen oder gar mit Raketen außerhalb der Lufthülle möglich gemacht. Deshalb zählen wir es heute zum Spezifikum »menschlich«, daß der Mensch fliegen kann.

Für den Reflexionsterminus »Mensch« sind natürlich, das heißt jetzt hier: *seiner spezifisch menschlichen Natur* oder seinem »Wesen« entsprechend, seine Sprachfähigkeit und diese als Teil seiner Handlungsfähigkeit typisch. Wir werden, wie für unsere nichtsprachlichen Handlungen, auch für das verantwortlich gemacht, was wir sagen. (Übrigens wird hier auch »Sprache« ein Reflexionsterminus, weil neben und noch vor jeder Sprachwissenschaft spezifische Züge des Sprachlichen aus der Reflexion über das Sprechen der Menschen abzuleiten sind.) Oben war gegen die tierphilosophische These von der Unfähigkeit des Tieres zu negieren, zu urteilen und zu denken die Unterscheidung von Sprechhandlungstypen wie Auffordern, Fragen, Bekunden, Beziehungen stiften, Behaupten und anderen angeführt worden. Sie sind unter die Überschriften sprachlich und via Sprache auch unter die Überschrift »menschlich« zu setzen.

Dagegen bleiben die von der Wissenschaft bis in die kommerzielle Werbung hinein beliebten *Sprachbezeichnungen für Nichtsprachliches* bestenfalls metaphorisch sinnvoll, schlechtestenfalls einfach falsch oder sinnlos: Wer auf der Speisekarte einen »Dialog von Kapern und Meerrettichsauce an Königsberger Klopsen« findet, die Fußpflegerin eine Podologin nennt (von gr. *pos*, Fuß), wer Technologie sagt, wenn er Technik meint, und bis in die Tierphilosophie hinein die Wörter psychologisch und physiologisch verwechselt mit psychisch und physisch, wird Schwierigkeiten mit der Bildung von Reflexionstermini haben. Ihm fehlt es an Sorgfalt im Umgang mit der menschlichen Sprache. Dann kann auch von der »Grammatik« des Starengesangs oder der »Lautzeichen« von Walen gesprochen werden, und das Geplapper des Papageis wird ihm als »Äußern sprachlicher Urteile« (vgl. S. 111) durchgehen.

Das Wort »Mensch« als Reflexionsterminus zu gebrauchen führt, wie das Beispiel des Fliegens zeigt, zu einer *offenen, kulturgeschichtlich sich wandelnden Liste von Wörtern für menschliche Leistungen und Eigenschaften*. Der Mensch ist weder kultur- noch naturgeschichtlich eine Konstante. Und der Begriff Mensch ist, angesichts der Unterschiede zwischen Individuen, Gruppen, Schichten, Nationalitäten und Rassen, jeweils auf den Kontext abzustellen, in denen die menschlichen Spezifika benannt werden und eine Rolle spielen. Dagegen sind alle Charakterisierungen, die *zusätzlich zur Unterscheidung von Tieren* vorgeschlagen wurden, etwa lachend, spielend, Werkzeuge fabrizierend, logisch denkend, urteilend, sich schämend, philosophierend usw., *nur in bezug auf* die *Zwecke sinnvoll*, für die die jeweils zugesprochenen Leistungen Mittel sind. »Der Mensch an sich« ist dagegen noch nicht einmal als eine Art Schnittmenge aller menschlichen Qualitäten eine sinnvolle Begriffsbildung.

Hier, in diesem Buch, wird dem sprechenden Wesen Mensch das Zuschreiben und Absprechen von Verdienst und Verschulden als das spezifisch Menschliche zugeschrieben. Dieser Satz enthält keinen Formulierungsfehler. *Tatsächlich wird das Zuschreiben zugeschrieben*, auch wenn der Mensch als zuschreibendes Wesen wahr beschrieben wird (und Analoges gilt für die synonymen Wörter Zurechnen, Zusprechen, Zuerkennen) – im Sinne des oben erläuterten Aspektedualismus.

In der kleinen, oben skizzierten Handlungstheorie wurde das Handeln vom bloßen Verhalten dadurch unterschieden, daß sich Menschen Handeln gegenseitig als Verdienst oder Verschulden zuschreiben, bloßes Verhalten dagegen nicht, und dies mit all den terminologischen Konsequenzen, die auf S. 145 f. aufgezählt wurden.

»Ja, aber ...«, fragen gern Evolutionsbiologen, wenn sie sich auf diesen Vorschlag der Begriffsbestimmung einlassen: Was heißt das für die Naturgeschichtsschreibung des Menschen? Kommt in der Liste der Wörter unter der Überschrift »menschlich« auch vor: »vom Tier abstammend«? Vor allem aber: Wie kann die *natürliche Entstehung des Menschen im Sinne des Reflexionsterminus beschrieben und erklärt* werden?

4.2 Persönlich bei der Evolution dabeigewesen?

Nicht nur Biologen, auch Laien unterliegen der Suggestion, daß zwischen der menschenlosen Urgeschichte unserer Erde und dem Heute irgend etwas passiert sein muß, das den Menschen aus der Tierwelt hervorgehen ließ. In einem Erkenntnisprogramm, das keine übermenschlichen Zauberer, Götter, Schöpfer oder auch den wenig intelligenten Einfall einer Invasion Außerirdischer zuläßt, sondern nach dem Kohärenzprinzip »gradualistisch«, also in kleinen Veränderungsschritten, ein kausal erklärbares Geschehen in allem sucht, kann man, so scheint es, dieser Suggestion nicht entkommen: Es *muß* einen Zeitpunkt oder einen Zeitraum geben, einen geographischen Ort und eine Anzahl von Individuen, in denen *der Sprung vom Tier zum Menschen im Sinne des Reflexionsterminus* sich ereignet hat. Auch unser Urschrei-Tierphilosoph ist dieser Suggestion erlegen (vgl. oben S. 115 ff.). Hier scheint zwangsläufig eine Art von biologischem »Zwischenwertsatz« zu gelten:

Der mathematische Zwischenwertsatz lautet: »Wenn eine Funktion in einem zusammenhängenden Gebiet definiert und stetig ist und in zwei verschiedenen Punkten dieses Gebietes verschiedene Werte annimmt, dann nimmt die Funktion jeden Wert zwischen diesen beiden wenigstens einmal an.« Für Nichtmathematiker anschaulich erläutert: Wer mit dem Lift mit beliebigen Bewegungen vom ersten zum zehnten Stock fährt, muß jedes der dazwischen liegenden Stockwerke »wenigstens einmal« passieren. Wenn es also ein kohärentes Naturgeschehen gibt, dann muß zwischen urgeschichtlicher und heutiger Zeit ein Abschnitt der Menschwerdung liegen.

Naturgeschichtlich ist dies trivial wahr; aber es betrifft, das muß dem Leser jetzt als begründete Einsicht abverlangt werden, nur »den Menschen als Naturgegenstand«, der, auch das ist jetzt geklärt, als Objekt der Naturwissenschaften *nur bestimmt ist relativ* zur Bestimmung des Menschen im Sinne des Reflexionsterminus. Oder einfach gesagt: Nur wer weiß, was er/sie heute im Alltag als Mensch bezeichnet, kann auch wissen, wie der Mensch als Naturgegenstand aus dem Tierreich hervorgegangen ist. Aber er weiß damit leider gar nichts darüber, wie der Mensch als zuschreibendes und zugeschriebenes Wesen entstanden ist. In einer anderen heute gern gebrauchten Diktion: Naturgeschichtsschreibung findet *im Sprachspiel* des Beschreibens statt. Zuschreibungen kommen dabei weder als beschriebene Gegenstände noch als vollzogene Methode des Zuschreibens vor. Die beiden Aspekte des Beschreibens und Zuschreibens sind verschieden. Zwar sind das Beschriebene und das Zugeschriebene im erläuterten Sinne wechselseitig voneinander nicht unabhängig. Aber daß das Zugeschriebene durch das Beschriebene kausal oder naturwissenschaftlich erklärt werden müsse, ist ohne Sinn.

Diese Suggestion, die Entstehung des Menschen als Kulturwesen müßte naturgeschichtlich zu datieren und zu erklären sein, gefaßt in die Frage, wann, wo und wodurch das Tier zum Menschen wurde, ist ein *Scheinproblem*. Dieses Scheinproblem ist im übrigen ein ausgezeichneter Kandidat dafür, den tieferen Sinn des *linguistic turn* der Philosophie und der Wissenschaften zu demonstrieren.

Die falsche Suggestion, man habe es in der Naturgeschichtsschreibung des Menschen mit der Aufgabe zu tun, den qualitativen oder »emergenten« Sprung vom Tier zum Menschen raumzeitlich zu verorten und qualitativ zu charakterisieren, geht unter anderem von der falschen Annahme aus, der Naturforscher hätte es mit einem Geschehen zu tun, das wie ein Videoband, das dieses Geschehen lückenlos aufgenommen hat, vor- und zurückgespult und betrachtet werden kann. Der Biologe versetzt sich mit dieser stillschweigenden Annahme in einen naiven, archimedischen Beobachterstandpunkt: Außerhalb der Geschichte, ja außerhalb der Welt betrachtet er das Naturgeschehen, wie er Geschehnisse betrachtet, bei denen er persönlich dabeigewesen ist und die er aus der Erinnerung (oder tatsächlich in einem Film) abrufen kann. Hier wird die naive Form, wie wir im Alltag mit unseren eigenen Erlebnissen umgehen, auf eine wissenschaftliche Naturgeschichtsschreibung übertragen. Das ist jedoch unzulässig.

Wie oben im Zuge der Diskussion von Darwins epochemachendem Buch erläutert, beruht empirisches Wissen über ein Geschehnis, das unbeobachtet war und prinzipiell unbeobachtet bleiben wird, auf einer Rekonstruktion des Vergangenen aus dem Gegenwärtigen. Nur das Gegenwärtige ist der direkten Beobachtung zugänglich. Dann wird als eigenes Prinzip gesetzt, das gegenwärtig Beobachtete, das evolutionsbiologisch übrigens das Überlebthabende ist und damit *das Überlebenkönnen als Kriterium festsetzt*, als Produkt einer Prozeßkette zu erklären, in dem das Überlebthaben den prinzipiell nicht mehr aufgebbaren Realitätsbezug herstellt. Dazu muß ein Kausalwissen investiert werden analog dem Suchen, Finden und Deuten von Indizien für die Rekonstruktion eines unbeobachteten Verbrechens durch den Detektiv.

Dies ist ein rationales Programm, das durch Anwendung physikalischer, chemischer und biologischer Verfahren auf den »Menschen« im Sinne des Reflexionsterminus dessen Naturgeschichte liefert. Aber, und das ist der entscheidende Punkt: *Evolutionsbiologie bleibt eine Naturgeschichte.* Im Sinne des aristotelischen Aspektedualismus schreibt der Wissenschaftler (als Kulturleistung!) ein von ihm rekonstruiertes natürliches Geschehen auf.

Die Wissenschaftlichkeit der Methoden stellt sicher, daß dies keine beliebige Erfindung ist, sondern an allen nur zugänglichen aktuellen Spuren einschließlich der aktuell zugänglichen Fossilien und ihrer genetischen Analysen empirisch und logisch kontrolliert wird. Zu Recht haben Philosophen wie Herbert Schnädelbach darauf verwiesen, daß es sich bei diesem Aufschreiben des Naturgeschehens um eine Narration handelt, das heißt nach Kriterien narrativer Texte und narrativ verfaßten Wissens zu fassen ist.[1] Die Suggestion oder Illusion dagegen, dieses Geschehen beschreiben zu können, als wäre der Autor als Zuschauer persönlich dabeigewesen, verkennt das Geschäft der Evolutionsbiologie und ihre Methoden.

Sich der Suggestion von Scheinproblemen durch Sprachkritik zu entziehen ist die damit gestellte Aufgabe. Sie ist, wie die Erfahrung aus Diskussionen mit Naturwissenschaftlern und Philosophen, mit Laien und Experten lehrt, außerordentlich schwierig. Deshalb versucht der nächste Abschnitt eine Erläuterung beizusteuern, warum der Naturwissenschaft und der naturwissenschaftlichen Geschichtsschreibung nichts verlorengeht, wenn die Frage »Wann und wo ist wodurch der Umschlag vom Tier zum Menschen erfolgt?« als Scheinproblem und als naturwissenschaftlich sinnlose Frage erkannt wird.

1 Vgl. Herbert Schnädelbach, »Geschichte als kulturelle Evolution«, in: ders., *Analytische und postanalytische Philosophie*, Frankfurt am Main 2004, S. 282-307, hier etwa S. 289.

4.3 Trennung der Aspekte: Methodischer Kompatibilismus statt Naturalismus

Die weitverbreitete Nachlässigkeit, mit »Geschichte« sowohl ein Geschehen als auch seine Beschreibung sowie eine Wissenschaft der Geschichtsschreibung zu meinen, muß wenigstens für die wissenschafts- und erkenntnistheoretischen Fragen zur Evolutionsbiologie vermieden werden. Denn das Geschehen, sofern es natürlich ist (und im aristotelischen Sinne also von selbst und ohne Einfluß durch Menschen geschieht), ist von Natur aus so, wie es ist. Mehr läßt sich über Gründe nicht sagen.

Die Naturgeschichtsschreibung indessen ist nicht selbst ein Naturgegenstand. Gerade Darwin hat die Direktiven und wichtigen Prinzipien dieser Naturgeschichtsschreibung erarbeitet und begründet. Und die Biologie hat sie seither weiterentwickelt und verfeinert. Die Naturgeschichtsschreibung hat also selbst eine Kulturgeschichte. Damit ist wieder ein Geschehen gemeint. Sofern dieses Geschehen in der Vergangenheit liegt, gilt ebenfalls: Es ist, wie es ist – nicht weil es »ein Teil« der Natur wäre, sondern weil die Vergangenheit sich (unter günstigen Umständen) kennen oder (unter weniger günstigen Umständen) nicht kennen, aber nicht mehr verändern läßt, im Unterschied zur Zukunft, die sich nicht kennen, aber (unter günstigen Umständen) beeinflussen läßt.

Die Naturgeschichtsschreibung und ihre Theorien bleiben als Kulturleistung Menschenwerk. Wer mit ihr nicht zufrieden ist, kann sie aktuell umschreiben oder Programme für ihre künftige Umschreibung formulieren und rechtfertigen. Aber an keiner Stelle »gibt es« in dieser Beschreibung, weder von selbst noch durch menschliche Bemühungen veranlaßt, einen Übergang vom Naturgeschehen zum Kulturgeschehen. Die Aspekte des Tierischen und des Menschlichen bleiben unterschieden, auch die »am« (Kultur-)Menschen selbst. Das Kulturgeschehen der Naturgeschichtsschreibung mit naturwissenschaftlichen Mitteln betraf, betrifft und wird weiterhin betreffen *allein den natürlichen Aspekt des Menschen.* Dies liegt, wie am Verhältnis von Beschreiben und Zuschreiben gezeigt wurde, nicht an einer »ontologischen« oder vollständigen Trennung in dem Sinne, daß das eine mit dem anderen nichts zu tun hätte.

Die Wahrheit einer Beschreibung, die ein Tatzeuge vor Gericht gibt, wird zum Grund der Zuschreibung, die der Richter bei der Verurteilung des Täters ausspricht, und die Zuschreibung der Bemühungen einer Fastenkur wird zum Grund für das Zutreffen der Beschreibung einer Gewichtsabnahme. So ist es auch mit der Naturgeschichte (im Sinne des Geschehens) der Entwicklung des »Menschen als Tier«, also seiner organismischen Struktur, seiner physiologisch beschriebenen Funktionen, seines natürlichen Verhaltens von den autonomen Homöostasen und Regelmechanismen, die unsere Körpertemperatur, den Sauerstoffgehalt des Blutes und anderes im Stoffwechselprozeß aufrechterhalten, bis zu den komplexen Verhaltensprogrammen, die ein Mensch zeigt, wenn er auf Glatteis ausrutscht. Diese Beschreibungen fungieren nicht selten als Gründe, Zuschreibungen als verfehlt zu beurteilen. Umgekehrt können Zuschreibungen eines kultürlich geregelten Sozialverhaltens (Verhalten im Sinne von Handlungsweise) Gründe für die Wahrheit von Beschreibungen werden, etwa Erbschäden durch inzestuöse Heiratsbräuche in Pharaonenfamilien. Und selbstverständlich ist es zutreffend, wenn etwa ein physiologischer Vergleich des heutigen Menschen mit heutigen Menschenaffen Gleichheiten wie auch die Unterschiede herausstellt, die den Menschen die Fähigkeit zur Artikulation beim Sprechen im Unterschied zu Menschenaffen geben.

Naturgeschichtlich lassen sich also auch aktuelle *physische Dispositionen* des Menschen erklären, die diesem *in seinen kultürlichen Leistungen Grenzen setzen.* Das schon erwähnte Fliegen ist dem Menschen eben nur mit technischen Hilfsmitteln möglich, nicht aber als eine natürliche, ihm evolutionär zugewachsene Fähigkeit wie bei Vögeln.

Deshalb wird es auch, wie schon bei Darwin in *Die Abstammung des Menschen* überzeugend dargelegt, so etwas wie natürliche Wurzeln der menschlichen »Soziabilität« geben. Hier sei vor allem auf die neueren Arbeiten des Anatomen Hans-Rainer Duncker hingewiesen.[2] Vorsicht ist allerdings geboten, wenn hier am Ende doch so etwas wie ein Beschreibungs- und Erklärungskontinuum gesucht wird, welches bruchlos (gradualistisch) *den Aspektewechsel* vom Natürlichen zum Kultürlichen, vom Tierischen zum Menschlichen (im Sinne des Reflexionsterminus) überspringen soll, und sei es durch die Ausrede, dieser Wechsel vollziehe sich »emergent«. Die Prinzipien der Kohärenz oder des Gradualismus sind nur innerhalb der Naturwissenschaft (»natura non saltat«) definiert und sinnvoll anzuwenden.

Die Frage, *wann* und *wie (»wodurch«)* der Mensch zum Menschen geworden ist, bleibt (als Datierung auf der Zeitachse der – geschriebenen! – Naturgeschichte) prinzipiell nicht beantwortbar. Findet man – was wegen des flüchtigen Redecharakters von Be- und Zuschreiben schwer werden dürfte – naturhistorisch irgendwann Indizien für Praxen, die wir »dem Menschen« im heutigen, von Naturmythen befreiten Zeitalter *zuschreiben*, dann weiß man eben nur, daß es zu dieser Zeit schon »Menschen« in unserem Sinne gegeben hat. Die beiden Sphären oder Schichten

2 Vgl. Hans-Rainer Duncker, »The biological fundamentals of human cultural developments and their unique functional integrations«, a. a. O. (s. S. 30, Anm. 10).

des Beschreibens oder Zuschreibens bilden also mit dem Konzept der natürlichen Disposition für zugeschriebene Leistungen nur eine Art Ausschlußprinzip. So wie der Menschenaffe aufgrund seiner physischen Anlagen, wie in physiologischer Beschreibung erkennbar, nicht artikulieren kann wie ein Mensch, kann ein Mensch nicht fliegen wie ein Vogel. Aber dies besagt, wie man weiß, gar nichts darüber, daß der Mensch im Sinne des Kulturwesens, das die Natur kultiviert und mit technischen Hilfsmitteln Flugmaschinen baut, kultürlich eben doch fliegen kann. Und das gilt auch für alle anderen, ihm zugeschriebenen Kulturleistungen.

Eine konkrete Lehre aus diesen Verhältnissen besteht darin, daß irreführende Formulierungen vom *Menschen als Tier plus spezifisch menschlicher Eigenschaften* aufgegeben werden sollten. Hier nun kann Aristoteles kaum mehr Lehrmeister sein. Er hat mit seinem Wahn, alles Seiende klassifizieren zu wollen, mit seiner syllogistischen Definitionslehre (in der keine Reflexionstermini vorkommen) und mit seinen Charakterisierungen des Menschen als *zoon politikon* und *zoon logon echon* die Tradition begründet, den Menschen als Tier mit spezifischen »anthropologischen Differenzen« zu bezeichnen. Die lange Liste der jüngeren Zusätze, etwa die mehrfach erwähnten des lachenden, spielenden, philosophierenden, Artgenossen tötenden oder bestattenden Tieres, sind der bereits in der Bildungssprache auftauchende *Grund für die irreführende Suggestion* der falschen Naturgeschichtsschreibung aus der Perspektive der Dabeigewesenen. Es bleibt die Einsicht: *Der Kulturanfang ist kein Naturereignis.*

Das *Programm der Naturalisierung des Menschen*, nun schon überflüssig zu sagen, ist selbst kein Naturgegenstand, sondern eine Vorschrift (das ist die wörtliche Bedeutung von Programm) für menschliche Handlungen, allerdings *nicht solche des natur-*

wissenschaftlichen Forschens, sondern der *metawissenschaftlichen Selbstzuschreibungen*, mit denen sich Naturwissenschaftler auf das Terrain des philosophisch formulierten Selbstverständnisses begeben. Auch Selbstzuschreibungen bleiben Zuschreibungen und sind nicht als wahr oder falsch, sondern als richtig und verfehlt zu beurteilen.

Die Alternative zum Naturalismus ergibt sich aus einer Reflexion auf die Handlungen von Menschen im Alltagsleben, in den (Natur-)Wissenschaften und in der Philosophie (einschließlich der wenig glücklichen Tierphilosophien): Das sprachfreie wie das sprachgebundene Vorgehen (gr. *methodos*, Methode) hält sich an das Mögliche: Empirisches Wissen haben wir primär nur von aktuell Beobachtbarem. Das vergangene Naturgeschehen muß daraus rekonstruiert werden und in eine kohärente und konsistente Vorgeschichte (Erzählung, Narration) der heute vorgefundenen natürlichen wie kultürlichen Verhältnisse münden. Dafür braucht man nicht nur die hypothetisch für das gesamte Geschehen als zeitunabhängig angenommenen »Naturgesetze«, sondern auch ein Wissen über das heute Vorgefundene. Dazu gehört, wie gezeigt, nicht nur die Entmythisierung des Menschen durch seine evolutionsbiologisch belegte Abstammung aus dem Tierreich, sondern auch die Entmythisierung der Natur als verantwortlicher Akteurin im Gegensatz zur moralischen und rechtlichen Kultur des Menschen. Beide hängen, gegenseitig, in den menschlichen Tätigkeiten des Beschreibens und Zuschreibens voneinander ab, sind also beide nicht beliebig und bei methodischer Disziplin bestens miteinander verträglich. Deshalb kann die hier als Alternative empfohlene handlungstheoretische (und in Anwendungen sprachphilosophische und wissenschaftstheoretische) Klärung als »Methodischer Kompatibilismus« bezeichnet werden. Kompatibel sind Natur und Kultur in den Formen des Beschreibens und Zuschreibens – im Sinne des Aspektedualismus, der die beiden Bereiche methodisch getrennt hält.

Das Naturalisierungsprogramm dagegen beruht evolutionsbiologisch genauso wie neurowissenschaftlich und genetisch auf Kategorienfehlern. Oberflächlich gesehen ist es wahr, daß die Kategorien Sein und Sollen, Natur und Kultur, Beschreiben und Zuschreiben durcheinandergebracht werden. Hier, in der Naturgeschichtsschreibung, lag schon bei Darwin in der Verwechslung von Beschreiben und Zuschreiben der (kultur)historische Anfang des sinnlosen Programms, zuerst das Tier durch Schein- oder metaphorische Zuschreibungen unzulässig zu vermenschlichen, um dann daraus die Vertierlichung des Menschen zu motivieren. In der Selbstzuschreibung der heutigen Ethologischen und Evolutionären Anthropologen ist die Vermenschlichung des Tieres der Ort des Kategorienfehlers, an dem Zuschreibungen nur noch metaphorisch sind und deshalb eine Gleichsetzung des Tieres mit dem Menschen nicht leisten können. Damit kann die Biologie sowenig wie die diskutierten Tierphilosophien auf dem Rückweg über die Naturgeschichtsschreibung zur Erklärung der spezifisch menschlichen Zutaten eines menschlichen Tieres führen. Die Formel »der Mensch und andere Tiere« ist und bleibt eine Gedankenlosigkeit.

Namens- und Sachregister

Abstraktion/abstrahieren 75 f.
Aktualismus 32, 41 ff., 65 f.
Albert, Hans 150
angeboren 56 f.
Anthropomorphismus 73, 102 ff.
anwenden 77, 86, 101, 104
Aristoteles 23 ff., 30 f., 130, 160 f., 164, 167, 181
Art 35
Aspekte(dualismus) 68, 130 f., 160 f., 164, 176, 183
Aufklärung 10-15
Ausdruck 54-62

Bach, Johann Sebastian 28, 80
Baier, Tina 155
Begriffspyramide 25, 28
Beobachterperspektive 148
beschreiben 16, 18, 49, 62, 69, 94, 103 f., 126 ff., 131-139, 149, 152, 157, 162 f., 175
Beziehungshandlung 135, 139-145
Bienen 111-115
Blawat, Katrin 113
Brandt, Reinhard 106-109, 118
Bromand, Joachim 138

Carus, Julius Victor 20

Darwin, Charles 10, 17, Kapitel 1, 91 f., 106 f., 122, 131, 139, 152, 159, 161, 165, 176, 183
Definition 39
Dennett, Daniel 103
Derrida, Jacques 104
Differenz, anthropologische 99-102, 106
Duncker, Hans-Rainer 30, 180

Enderwitz, Ulrich 20
Evolution/Evolutionsbiologie 9, 22, 29, 32, 36, 41, 43, 60, 92, 165 ff., 174-178, 183

Fischer, Ernst Peter 29
Fitz-Roy, Robert 54
Frisch, Karl von 113

Galilei, Galileo 23 f., 160
geistig 46 f.
gelernt 56
Gemütsbewegung 47, 52, 59, 62, 67-70
Gerhardt, Volker 84
Geschichte 178
Gewissen 40, 45 f.
Goodall, Jane 84, 155
graduell/Gradualität 32, 65, 174
Gray, John 121-125
Grunwald, Armin 30
Gutmann, Mathias 30

handeln 27, 36, 45, 64, 93 f., 129, 140, 143-153, 160, 162, 173
Hartmann, Dirk 141
Herden, Birgit 151
Hogrebe, Wolfram 138
Heidegger, Martin 104, 107
Humanität/Humanismus 121-124, 167

Humboldt, Alexander von 48
Hund 143, 157

Janich, Peter 84, 138, 141 f., 149, 157

Kamlah, Wilhelm 141
Kant, Immanuel 162, 168 f.
Kästner, Erich 150
Kategorienfehler 73, 131, 183
kohärent/Kohärenz 32, 40, 43, 65, 174
kommunizieren 129, 150, 151
Kompatibilismus, methodischer 18, 131, 178 ff.
kooperieren 150 f.
Krähe 91 ff.
Kreis, Guido 138
Kultur 41 f., 144, 162, 178, 181
Kulturalisierung 69
kultürlich 56, 66, 144
Kummer, Christian 14
künstlich (technisch) 130, 160 f.

Lavater, Johann Kaspar 54
Leakey, Louis 84 f.
linguistic turn 68, 141 f., 175
Linné, Carl von 31
Lorenzen, Paul 25, 141

Markl, Hubert 11
Materie/materiell 78
Mayr, Ernst 11
Mensch 10 f., 15, 17, 20, 33, 36, 39, 41, 45, 63, 68, 71, 79, 110, 150, 152, 165, 167-173, 181
Menzel, Randolf 113
Metapher, metaphorisch 70, 94, 105, 157
Methode/methodisch 61, 76, 78, 132, 182
Mittel 81, 87, 145
Montaigne, Michel Eyquem de 103
Moral 41, 45 f.

Natur 11, 20, 92, 159, 174, 181
Naturalisierung 69, 72 ff., 82, 181
Naturalismus/naturalistisch 69, 104, 106, 118, 121
Naturgeschehen 31, 60, 65, 114, 144, 165, 174, 178
Naturwissenschaft 101, 123, 131, 175
natürlich 39, 55, 65, 130, 143, 160, 171
negieren/verneinen 106-117
Neumann, Carl W. 19
Neumann-Held, Eva M. 30
Newton, Isaac 160
Nida-Rümelin, Julian 84

Patzig, Günther 24
Person 135, 138 f., 147, 151
Pinker, Steven 50

rechnen 95, 109
Reflexionsbegriff/-terminus 168 f.
Reihenfolge 60
Rekonstruktion 62, 65, 176
Rembrandt 80
richtig/verfehlt 135

Scheinproblem 141, 153, 155

Schimpanse 69, 80, 84, 119
Schmidt, Heinrich 20
Schnädelbach, Herbert 177
Schwemmer, Oswald 141
Sommer, Volker 72 f., 80, 88
Spencer, Herbert 59
Sprache 44, 50 f., 59, 88, 111, 141, 155 f.
Stammbaum 28 f.
Störung 97, 147, 155
Stufenleiter, organische 33
Syllogistik 25
Symmetrie 68, 151, 159

Taxonomie 25, 30 f.
Teilnehmerperspektive 148
Tier 11, 17, 20, 33, 47 ff., 51, 56, 68, 90, 116, 120, 131, 150, 154, 174, 181
Tierphilosophie 99 ff., 172, 182 f.
Tugendhat, Ernst 9

Verantwortung 11 f., 101, 151
Verhalten 140 ff.
Vermenschlichung des Tieres 17, 52, 68, 72-84, 88 f., 103 ff., 131, 181
Vertierlichung des Menschen 17, 68, 72-84, 132, 182
Vollzugsperspektive 148 ff., 153

wahr/falsch 97, 114, 132
Weber, Thomas 150
Werkzeug 49 f., 64, 83-98, 119, 155, 157, 173
widerfahren/Widerfahrnis 146
Wild, Markus 84, 99, 102-107, 118, 120 f.
wissenschaftlich, Wissenschaftlichkeit 15, 18, 22, 38, 51, 68, 72, 74, 82, 89, 98, 117, 126, 141, 149, 155 f., 166, 177
Wöhler, Friedrich 27
Wright, Georg Henrik von 141
Würde 39

zeigen 111 f.
Zuchtwahl, züchten 34 f., 161
zuschreiben 16, 18, 49, 62, 69, 94, 103 f., 126 ff., 131-139, 149, 152, 157, 162 f., 175
Zweck 34, 64, 81, 87, 98, 132, 145, 160
Zweckrationalität 89-93

Ausführliches Inhaltsverzeichnis

0 Aufklärung gegen Aufklärung? Der Grundkonflikt . . . 9
0.1 Theoretische Aufklärung: Die Entmythisierung des Menschen 9
0.2 Ethische Aufklärung: Die Entmythisierung der Natur 11
0.3 Der Grundkonflikt 14
0.4 Der Gang des Arguments 16

1 Das Darwinsche Erbe 19
1.1 Die Entstehung der Arten durch natürliche Zuchtwahl (1859) 23
Die Logik des Klassifizierens: Aristoteles 23
Begriffsbäume und Begriffspyramiden 25
Was ist zu klassifizieren? 26
Stammbäume 28
Taxonomien 30
Darwin versus Aristoteles 31
Die Naturgeschichte des Menschen 33
Das Züchtungsmodell 34
Darwins drei Begriffe von Mensch 36
1.2 Die Abstammung des Menschen (1881) 38
Prinzip Aktualismus und der Mensch als Kulturgegenstand 41
Das Kohärenzprinzip 43
Moral und Gewissen 45
Mensch und Tier bei Darwin: (1) Geistige Fähigkeiten 46

Mensch und Tier bei Darwin:
(2) Soziale Fähigkeiten 48
Mensch und Tier in Darwins Sprache 50
1.3 Der Ausdruck der Gemütsbewegungen
bei den Menschen und den Tieren (1882) 52
Darwins Vermenschlichung des Tieres 52
Darwins Erkenntnisquellen 54
Ausdrucksbewegungen – natürlich oder kultürlich? . . 56
Von Tieren zu Menschen 60
1.4 Fazit: Was Darwin übersehen hat.
Das zweideutige Erbe 63
Naturgeschehen und der qualitative Umschlag
vom Tier zum Menschen 65
Von der Tiervermenschlichung zur
Menschvertierlichung 68
Darwins Dilemma 70

2 Dogmatische Ansätze:
Die Naturalisierung des Menschen 72
2.1 Zwei Strategien: Vertierlichung des Menschen und
Vermenschlichung des Tieres 73
2.2 Die »Vertierlichung« des Menschen durch
naturwissenschaftliche Methoden 75
Der Mensch als materieller Körper 78
Die Ähnlichkeit von Mensch und Tier
im Alltagsleben 81
Vom alltäglichen zum wissenschaftlichen
Mensch-Tier-Verhältnis 82
2.3 Vermenschlichung von Tieren durch
Naturwissenschaft? 83
Werkzeugherstellung und -verwendung 84

Naturwissenschaft und Sprache 88
Können Tiere rechnen? Bedeutung und Geltung empirischer Aussagen 94
Naturgesetze für wahr und falsch? 97
2.4 Tierphilosophie 99
»Kritischer Anthropomorphismus« ohne Sprachkritik? 103
Naturalisierung der Kultur als »ökologische Nische« . 105
2.5 Menschliches Denken bei Tieren 106
Der transzendentale menschliche Geist (Negieren, Urteilen, Denken) 109
Zeigen und Verneinen 112
Die Bienensprache 113
Der Urschrei der Menschwerdung 115
2.6 Das mißverstandene, naturalistisch verkürzte Tier . 118
2.7 Das Ende der Humanität? 121

3 Auflösung des Mißverständnisses 126
3.1 Beschreiben und Zuschreiben 131
3.2 Menschliches Handeln 140
3.3 Umgänge mit Tieren 154
3.4 Von Aristoteles lernen: Der Aspektdualismus 160

4 Gibt es eine Naturgeschichte des Menschen? 165
4.1 Was heißt denn hier »Mensch«? 167
4.2 Persönlich bei der Evolution dabeigewesen? 174
4.3 Trennung der Aspekte: Methodischer Kompatibilismus statt Naturalismus 178

Register 185